"十三五"应用型人才培养规划教材

电工理论与实操

（上岗证指导）

◎ 梁红卫 张富建 主　编
解春维 李冠斌 赖春香 副主编

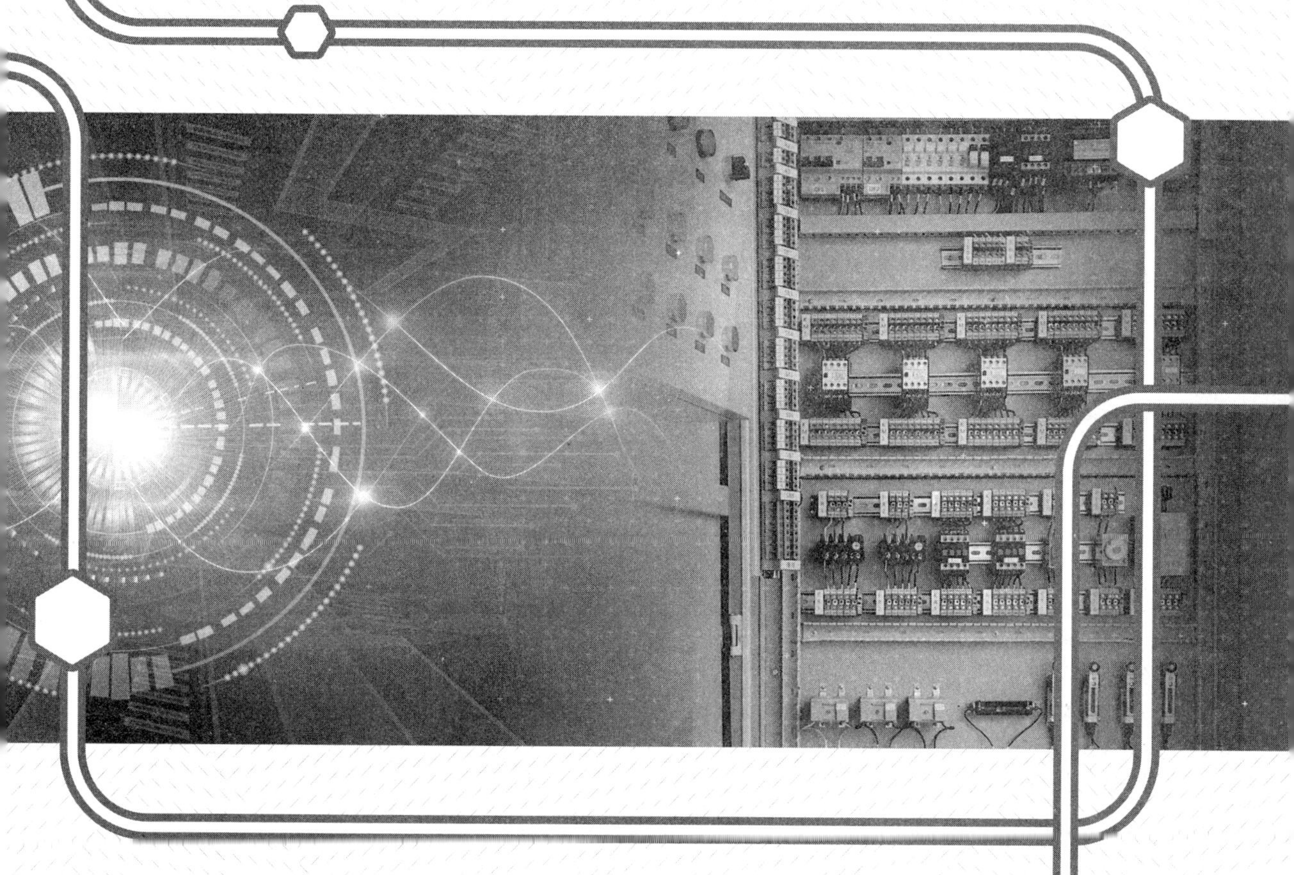

清华大学出版社
北　京

内容简介

本书围绕国家职业标准及最新电工上岗证考核标准，以目前职业院校电工实习条件和考核设备为基础，按照作业证考核实际操作编写。

本书以电工安全和上岗考证为主线，以"必需、够用、实用"为原则，围绕实践展开，删繁就简，打破了以往教材系统性、完整性的旧框架；实操内容依据理论知识进行设置，着重培养学生实践动手能力及解决问题的能力，强化学生的综合技能训练；理论知识和实操内容紧密结合工作及考证实际，实现"教、学、做、考证"一体化，为学生上岗就业及适应职业变化打下扎实的基础。

本书配套重点内容的高清图片及主要操作过程视频，读者扫二维码即可免费观看。本书既可作为中、高职及高校机电类专业师生、职业技能鉴定培训机构相关专业学员用书，也可作为电工作业人员考证参考用书，同时可供相关专业技术人员岗前培训或技术等级考核使用。

图书在版编目(CIP)数据

电工理论与实操：上岗证指导/梁红卫，张富建主编. —北京：清华大学出版社，2018(2024.2重印)
("十三五"应用型人才培养规划教材)
ISBN 978-7-302-51221-9

Ⅰ. ①电… Ⅱ. ①梁… ②张… Ⅲ. ①电工技术—中等专业学校—教材 Ⅳ. ①TM

中国版本图书馆CIP数据核字(2018)第211497号

责任编辑：张　弛
封面设计：刘　键
责任校对：袁　芳
责任印制：沈　露

出版发行：清华大学出版社
网　　址：https://www.tup.com.cn，https://www.wqxuetang.com
地　　址：北京清华大学学研大厦A座　　**邮　　编**：100084
社 总 机：010-83470000　　**邮　　购**：010-62786544
投稿与读者服务：010-62776969，c-service@tup.tsinghua.edu.cn
质量反馈：010-62772015，zhiliang@tup.tsinghua.edu.cn
印 装 者：三河市少明印务有限公司
经　　销：全国新华书店
开　　本：185mm×260mm　　**印　　张**：13　　**字　　数**：309千字
版　　次：2018年12月第1版　　**印　　次**：2024年2月第6次印刷
定　　价：42.00元

产品编号：079523-01

前言

自第二次工业革命以来，电工技术及应用已经成为人类文明发展的助推器，并且在可预见的未来，人类的各种生产、消费和娱乐活动依然会与电工技术及应用息息相关。电工技术及应用的水平已经成为衡量各国综合国力的重要标志。围绕实现制造强国的战略目标，我国于2015年发布了《中国制造2025》战略规划，该规划中与电工技术及应用相关的制造与智造领域比比皆是。培养工匠精神，在先进制造领域勇于争先，离不开应用型人才。而应用型人才的成长离不开优秀教材的引领与指导。为适应中国制造的转型升级和跨越式发展的需要，前瞻部署机电一体化专业应用型人才发展规划，我们组织编写了本书。

《电工理论与实操（上岗证指导）》是为培养机电一体化专业应用型人才而规划的课程教材。本书既可作为中、高等职业院校机电一体化专业及相关专业的配套教材或参考教材，也可作为维修电工上岗证考试的自学参考书。

在结合多年校企合作、产教融合及编者教学实践经验的基础上，以维修电工工种特色、岗位任职需求及最新的电工特种作业考核要求为纲，编者数易其稿，精心打磨，编写了本书。

本书内容紧密结合电工上岗证考核标准，既有理论知识，又有实操内容，通过图、文及视频（使用微信“扫一扫”功能扫描书中二维码即可免费观看）生动形象地介绍考核及操作过程，力求达到理论易懂、操作易会的目的，使学生能够轻松地掌握技能及通过上岗证考核，也为学生今后就业及适应职业变化打下扎实的基础。

本书既涵盖经典知识，又适当考虑电气制造行业的发展趋势；既参考与吸收其他优秀教材的精华，又体现编者的实践经验和心得。编者希望通过本书，能够为机电一体化专业应用型人才的培养、为制造强国的发展添砖加瓦。

本书由梁红卫、张富建担任主编；解春维、李冠斌、赖春香担任副主编；熊邦宏、林钦仕、张锐、梁栋、王超然参编；本书编写过程中，谢志坚、陆海明、邝晓玲、唐镇城、刁文海、陈晶晶、张伟鸿等人给予了大力支持和帮助；编者的学生提供了部分考证图文资料并参与视频拍摄；编者的学生陈慧琪及广东技术师范大学机电学院的黄景辉参与图片编辑；北京超星集团、暨南大学新闻与传播学院的刘付权振、广州美术学院工业设计学院的孔垂琴等人参与视频的拍摄与剪辑，在此一并致谢！

维修电工专业性强，知识覆盖面广，装备与器件发展快，而本书内容限于篇幅，加之编者水平有限，难免有不当之处，因此恳请广大读者对本书提出宝贵意见和建议，以便修订时补充更正。

编　者

2018年10月

目录

INTRODUCTION

绪 论

知识要点：

什么是“校企合一”教学模式？

何谓“电工上岗证”？

为什么要考“电工上岗证”？

报考电工上岗证（作业证）有哪些条件？

电工上岗证的考场规则（考生须知）有哪些？

0.1 什么是“校企合一”教学模式？

“校企合一”教学模式是指在教学过程中，推行“学校即企业，课室即车间，教师即师傅，学生即员工”的人才培养模式。利用“校企合一”和产教结合，开展课程和教学体系改革，学校与企业共同制订教学计划、教学内容，实行“产教研”结合，完成教育教学从虚拟→模拟→真实的无缝过渡，“零距离”实现学生到企业员工身份的转变。教学方面坚持以就业为导向，以工作过程为主线，将教学安排变成员工培训模式，根据工作过程，将实操作业按日常工作来考核，实现知识学习到技能培训的转变。实操管理方面推行企业化管理。学生方面实行按企业员工管理。学生实质上具备双重身份，一是学生身份；二是员工身份。对学生的规范管理要有一个具体要求，对学生采用企业对员工货币奖惩方式来进行考核，变虚拟的扣分形式为真实的货币奖惩形式，实现学生向员工的观念转变。

0.2 何谓“电工上岗证”？

电工有三证：电工特种作业操作证、电工职业资格证书、电工进网作业许可证。

电工特种作业操作证也叫电工上岗证、电工作业证，分低压维修电工作业证和高压电工作业证，本书所述主要为低压维修电工作业证。电工特种作业操作证是安监主管部门对单位进行安全生产检查的重要内容之一，是追究单位和作业人员安全事故责任的重要依据。各单位和个人从事低压电气操作、安装、维修等，必须取得电工特种作业操作证方可上岗工作。电工上岗证由国家安监局进行考核并颁发，证件为IC卡，全国通用，3年一审6年换证，作为从事相关工作的操作资格证明。

电工职业资格证书是表明从事电工职业的等级资格的证明，证明持证人电工知识和技能水平的高低，是持证人应聘、求职、任职、开业的资格凭证，是用人单位招聘、录用、招调过程中的能力体现、工资定级的重要依据。电工职业资格证书由人力资源和社会保障部门进行考核并颁发，证件内标注考核者个人信息及各项分数，分为电工初级(五级)、中级(四级)、高级(三级)、技师(二级)、高级技师(一级)；电工职业资格证书不需年审，终身有效。它不能代替电工特种作业操作证，但可以作为电工从业(职业)资格水平的凭证。

电工进网作业许可证是表明电工具有进网作业资格的有效证件，进网作业电工应当按照规定取得电工进网作业许可证，未取得电工进网作业许可证或者电工进网作业许可证未注册的人员，不得进网作业。

0.3 为什么要考“电工上岗证”？考核包括哪些内容？

根据国家安全监督管理总局制定的《特种作业人员安全技术培训考核管理规定》(国家安全监管总局令第30号)、《安全生产资格考试与证书管理暂行办法》(安监总培训〔2013〕104号)和《特种作业安全技术实际操作考试标准(试行)》有关规定，从事电工作业人员必须持有电工作业证。

从《国家职业标准》可以看出，电工理论与实操是机电类专业的一门主课。电工上岗证考核内容分为理论与实操两大部分，其中实操部分包括安全用具使用、安全操作技术、作业现场安全隐患排除、作业现场应急处理四大模块。电工作业的质量和效率在很大程度上取决于操作者的技能水平、安全意识、行为习惯和熟练程度。

我们也认识到学生刚从初(高)中走进中(高)等职业学校，已经学习过物理等课程，初步接触过电工知识，有少量的理论知识和操作技能。学习本书之前，应该先学习电工基础、电工理论与实操(入门指导)，在此基础上通过学习本书内容，以便在较短的时间内获得电工上岗证理论及操作知识，顺利考取上岗证。

0.4 “电工上岗证(作业证)”报考条件

(1) 年满18周岁，且不超过国家法定退休年龄。

(2) 具有初中及以上文化程度。

(3) 身体健康，无色弱、色盲、高血压、心脏病、癫痫病、眩晕症等妨碍本作业的疾病及生理缺陷，经过体检合格。

(4) 具备必要的安全技术知识与技能。

(5) 符合相应特种作业规定的其他条件。

根据规定，特种作业人员在参加培训前必须到当地县级以上医院进行体检，体检合格者方可参加与其所从事的特种作业相应的安全技术理论培训和实际操作培训。

(6) 报名时需填写《特种作业人员培训申报表》，交近照、身份证复印件、学历证书复印件(未毕业学生免交)等，并经过审核盖章。

电工作业证如图 0-1 所示。

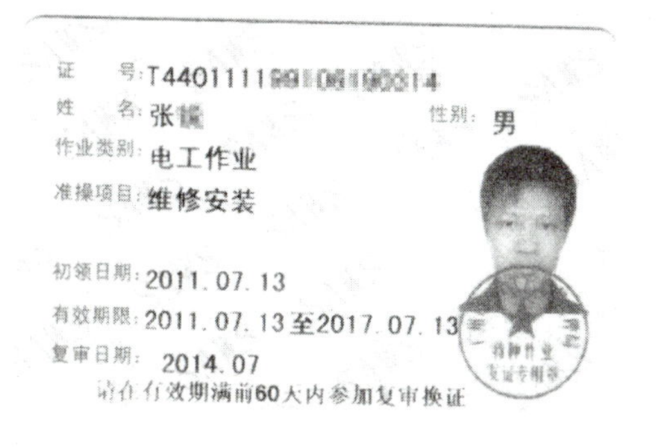

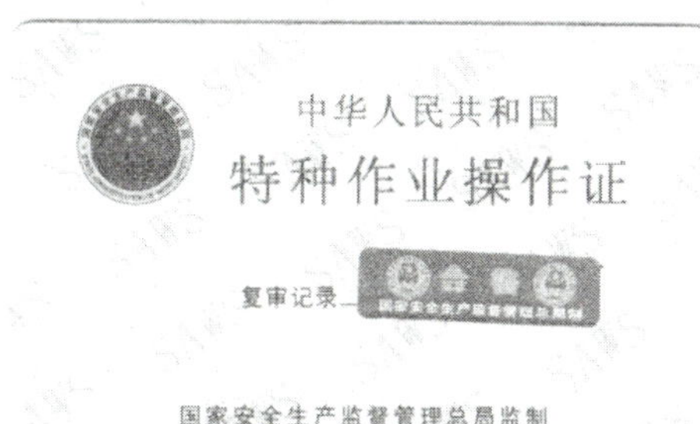

图 0-1 电工作业证(上岗证)

0.5 考场规则(考生须知)

(1) 考生在参加考试前，应认真阅读本规则(须知)，并在考试期间严格遵守。

(2) 考生应提前 20 分钟到达考试现场，在候考室等候入场。候考期间保持安静，不得喧哗。

(3) 考生凭准考证和本人有效身份证明参加考试。经身份验证进入考场后，服从安排，对号入座。迟到 15 分钟以上的考生不得入场考试。非本场考生一律不得进入考场。

(4) 考生严禁携带任何资料、纸张及各类具备存储及显示、扫描、拍摄、接发图像和文字功能的设备进入考场，应当关闭手机等通信工具，将随身携带的物品存放于指定位置。

(5) 实行计算机考试的，考生应严格按照系统要求操作，不得从事与考试无关的操作。考生须在电脑上按照以下流程开启考试：输入身份证号码、准考证号—登录—确认准考证和身份证无误—单击“开始考试”。实行纸质试卷考试的，考生应当在相应位置填写姓名、准考证号、代码等。

(6) 考生应严格遵守考场纪律，保持安静，独立完成考试，严禁交头接耳、抄袭、替考、扰乱考场秩序等违纪行为。有关考试违纪行为经查属实的，可根据有关规定处以警告、停止考试直至一年内不得报名参加安全生产资格考试等处理，并将记录在案。

(7) 考生如遇试卷字迹不清、电脑操作故障等问题，应当举手询问监考人员，但不得询问与试题内容相关的问题。

(8) 考生应当严格遵守考试时间，考试开考后 30 分钟方可交卷离场。监考人员宣布考试时间结束，考生应当立即停止答题。考生确认考试完毕的，应当按下“提交试卷”，提交试卷后考生将无法继续答题。考生考试完毕后，必须确认成绩后方可离开考场。

实行纸质试卷考试的,待监考人员确认已收回试卷后考生方可离开考场。

(9) 考生应自觉服从考务人员管理,不得妨碍考务人员正常工作,不得辱骂、威胁、报复考务人员。

考试期间发生紧急情况时,考生应当积极配合考务人员中止考试、采取紧急疏散等应急措施。

(10) 应当保持考场卫生,爱护考试设施设备,损坏者照价赔偿。考场内严禁吸烟。

(11) 考试结束后,考生不得逗留或围观喧哗,不得将试卷、草稿纸带出或传出考场。

(12) 考试如遇停电、系统设备故障等情况,无法继续考试情况的,考试机构将另行通知考试。

0.6 理论考试流程

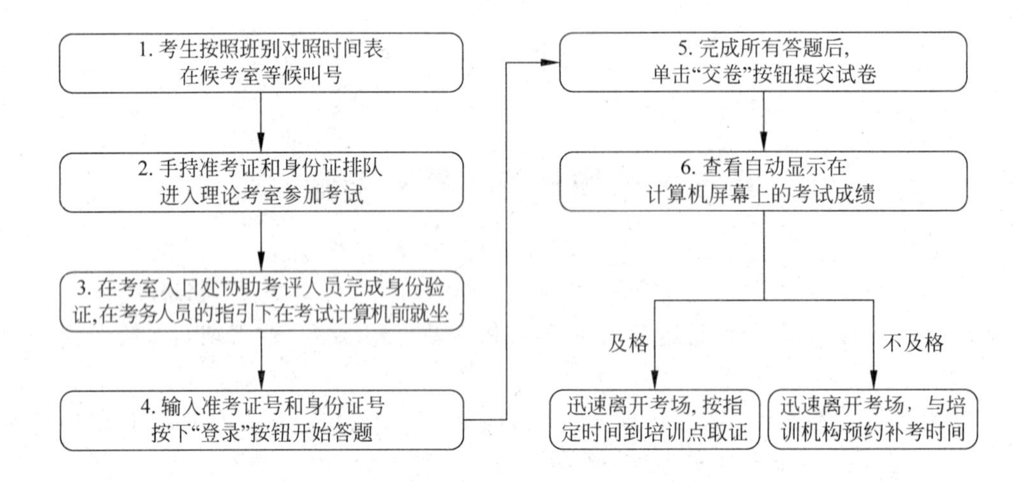

0.7 实际操作考试考场规则(考生须知)

(1) 考生在参加考试前,应认真阅读本规则(须知),并在考试期间严格遵守。

(2) 考生应提前 20 分钟到达考试现场,在候考室等候入场。候考期间保持安静,不得喧哗。

(3) 考生严禁携带任何资料、纸张及各类具备存储及显示、扫描、拍摄、接发图像和文字功能的设备进入考场,应当关闭手机等通信工具,将随身携带的物品存放于指定位置。

(4) 考生凭准考证和本人有效身份证明参加考试。经身份验证进入考场后,服从安排,到达指定的操作位置。迟到 15 分钟以上的考生不得入场考试。非本场考生一律不得进入考场。

(5) 考生应严格遵守考场纪律,保持安静,独立完成考试。严禁交头接耳、窥视他人操作、替考、扰乱考场秩序等违纪行为。有关考试违纪行为经查属实的,可根据有关规定处以警告、停止考试直至一年内不得报名参加安全生产资格考试等处理，并将记录在案。

(6) 考生如遇考试设备故障、器材缺失损坏等问题，应当举手询问监考人员或考评人员，但不得询问与试题内容相关的问题。

(7) 考生必须按劳动保护要求着装，严格按照安全操作规程和安全操作注意事项操作，防止发生火灾、触电、灼烫、高处坠落等事故。

(8) 考试结束后，考生应将试卷和有关考试器材、工具一并交考评人员，经考评人员同意后方可退场。

(9) 考生应自觉服从考务人员管理，不得妨碍考务人员正常工作。不得辱骂、威胁、报复考务人员。

考试期间发生紧急情况的，考生应当积极配合考务人员采取中止考试、紧急疏散等应急措施。

(10) 应当保持考场卫生，爱护考试设施设备，损坏者照价赔偿。考场内严禁吸烟。

(11) 考试结束后，考生不得逗留或围观喧哗，不得将试卷、草稿纸带出或传出考场。

(12) 考试如遇停电、考试设备故障等情况，无法继续考试的，考试机构将另行通知考试。

0.8 实操考试流程

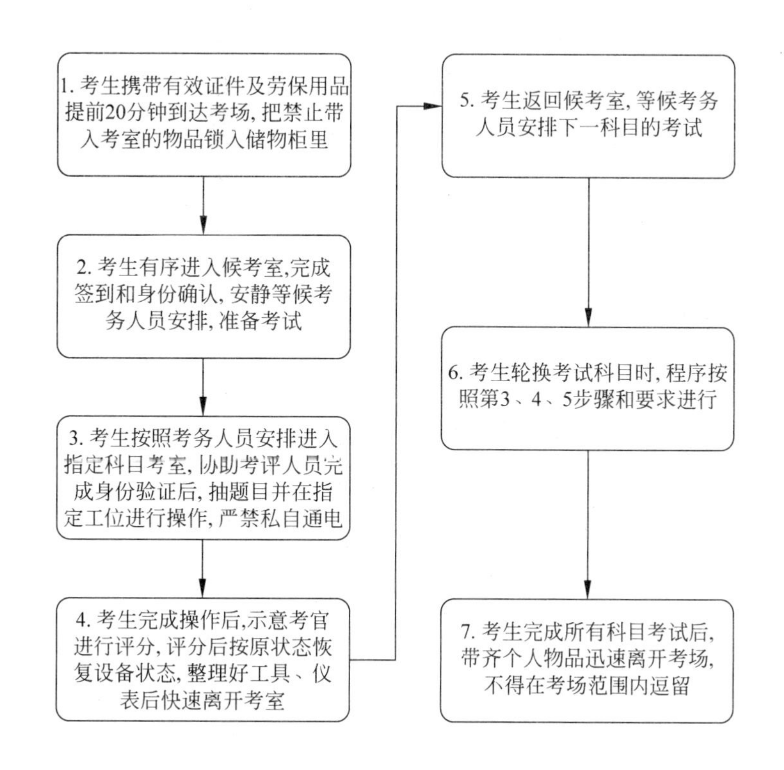

0.9 电工作业实操安全注意事项

(1) 考生实操考试前必须穿好工作服,按考务人员安排进入实操考室,到达考评人员指定的工位进行考试,未经同意,不得私自调换。

(2) 考评人员不得让与考试无关的人员进入考室。考生不得在室内喧哗、打闹、随意走动,不得乱摸乱动有关电气设备。

(3) 考生在考试前,应认真检查设备、元件、仪表,如发现不安全情况,应停止使用并立即报告考评人员。

(4) 一般情况下,在电气设备上操作均应停电后进行。必须带电操作时,要经考评人员允许,必须采取安全措施,按带电作业规程操作。

(5) 对正在运行的电气设备,发生或未发生不正常现象的一律不准带负荷关断隔离开关。

(6) 实操考试过程中,考生思想要高度集中,操作内容必须符合考试内容的要求,不准做任何与考试无关的事。

(7) 要爱护工具、仪表、电气设备和公共财物,凡在考试过程中损坏仪器设备者,应主动说明原因并接受检查。

(8) 凡因违反操作规程或擅自动用其他仪器设备造成了损坏,由事故人做出书面检查,视情节的轻重进行赔偿,并给予批评或处分。

(9) 保持实操考室整洁,每个科目考试后要清理工作场所,整理工具、仪表,经考评人员同意后方可离开。

0.10 电工作业证实操考场设备安全管理规程

(1) 考生进入考场后必须服从主考教师及管理人员的安排,按号进入工位,按要求考试,不得对非工位设备仪器随意搬动使用。

(2) 考试时,考生按考题要求,正确使用考试设备和器具,如需合闸通电必须知会主考老师,在老师同意并在场监督下操作;考生严禁擅自合闸通电,否则后果自负。

(3) 考生在考试中如考试设备损坏或发现考试设备有故障,应立即通知主考老师处理,不得擅自处理使用;若考生违章操作或有意损坏设备,由该考生负责赔偿。

(4) 考试完毕考生应整理收拾好本工位设备器具,并搞好考场卫生,等考场管理人员检查后方可离场。

0.11 关于电工作业证考核

电工作业证理论考核 100 道题目,其中判断题 70 题、单项选择题 30 题,每题 1 分,合计 100 分,80 分及格。

实操考核包含4个科目，分别为：科目一“安全用具使用”20分，科目二“安全操作技术”20分，科目三“作业现场安全隐患排除”40分，科目四“作业现场应急处置”20分，总分合计100分，80分及格。其中科目一有7个考核模块，科目二有6个考核模块，科目三有4个考核模块，科目四有3个考核模块。每个科目从题库中抽取规定个数的考核模块进行考核；科目二40分很重要；科目一+科目四，总分不能低于21分，否则即使总分达到80分也判定为不及格。

特别说明：实操训练或者考证期间，出现操作错误只按照评分标准扣除相应分数，但是在实际生活及工作中，失误可能造成重大安全事故甚至危及生命安全。本书的实操评分标准类比企业奖罚方案，参照电工作业证考核标准。

0.12 考试违纪处理规定

(1) 考生有下列行为之一的，应当对其提出口头警告并责令改正；经警告仍不改正的，可宣布取消其本次考试资格，责令离开考场：

① 携带禁止带入考场的物品进入考场的；

② 在考场内吸烟、喧哗或者有其他影响考试秩序行为的；

③ 未在规定座位上答题或者在规定不得离开考场的时限内，未经允许离开考场的；

④ 考试期间交头接耳、互打暗号或者手势的；

⑤ 其他一般的考场违纪行为。

(2) 考生有下列行为之一的，应当宣布取消其本次考试资格，责令其离开考场，并由考试机构做出一年内不得报名参加考试的决定，并在一定范围内公告，不得报名参加考试的期限，自做出决定之日起算：

① 以伪造证件、证明及其他相关材料获得考试资格和考试成绩，或者由他人冒名顶替参加考试的；

② 通过考场内、外串通获取或者试图获取试题答案的；

③ 使用具有无线电信号接收功能的电子设备，以及具有信息存储、读取功能的电子产品的；

④ 夹带、查看与考试有关资料，或者抄袭他人答案或者同意、默许、帮助他人抄袭的；

⑤ 其他严重的违纪行为。

(3) 监考人员、考评人员有下列情形之一的，停止其参与考试工作，并视情节轻重给予或者建议其所在单位给予相应的处分，直至开除或者解聘；构成犯罪的，依法追究刑事责任：

① 擅自改变考试开始时间或者结束时间的；

② 提示考生答卷，指使或者纵容他人作弊，参与考场内、外串通作弊，截留、窃取、遗失考试试卷，泄露考题、答案及其他考务工作秘密的；

③ 未认真履行职责，所负责考场秩序混乱或者出现较大范围作弊的；

④ 利用考试工作之便索贿、受贿或者谋取其他不正当利益的；

⑤ 其他的违纪行为。

(4) 考试点有下列情形之一的，视情节轻重给予警告并责令其改正，直至取消考试点考试资格；构成犯罪的，依法追究相关人员刑事责任：

① 以不正当手段协助他人取得考试资格的；

② 未认真履行职责，考场存在安全隐患，考试准备工作不到位的；

③ 协助考生作弊、参与考场内、外串通作弊，截留、窃取、遗失考试试卷，泄露考题、答案及其他考务工作秘密的；

④ 其他的违纪行为。

CHAPTER 1

第1章

电工上岗证测量基础与安全知识

1.1 电工上岗证测量基础

1.1.1 概述

在上岗证考核中，常常需要用电工测量仪表进行测量，测量内容包括电压、电流、电阻、电功率、电能等。电工测量仪表还可以与变换装置配合，间接测量多种非电量，如磁通、温度、压力、流量、速度、水位、机械变形等。电工测量仪表保证了生产过程的合理操作和用电设备的顺利工作，同时也为科学研究提供了有利的条件。

电工测量技术之所以能在现代各种测量技术中占有重要的地位，是因为它具有以下优点。

(1) 电工测量仪表结构简单、使用方便，并且有较高的准确度。

(2) 可将电工测量仪表灵活地安装在需要进行测量的地方，并可实现传动记录。

(3) 可解决远距离的测量问题，为集中管理和控制提供条件。

(4) 能利用电工测量的方法对非电量进行测量。

1.1.2 常用电工测量仪表的分类

电工测量仪表种类繁多，分类方法也很多。

1. 按被测量的种类分类

按被测量的种类，常用的电工测量仪表可分为安培表、伏特表、瓦特表、电能表、相位表、频率表、欧姆表等，如表1-1所示。

表 1-1 常用的电工测量仪表按被测量的种类分类

被测量的种类	仪 表 名 称	符 号
电流	安培表	(A)
	毫安表	(mA)
电压	伏特表	(V)
	千伏表	(kV)
电功率	瓦特表	(W)
	千瓦表	(kW)
电能	电能表	kW·h
相位差	相位表	(φ)
频率	频率表	(f)
电阻	欧姆表	(Ω)
	兆欧表	(MΩ)

2. 按工作原理分类

按工作原理,常用的电工测量仪表可分为磁电式、电磁式、电动式、铁磁电动式、静电式、感应式、热电式、整流式、电子式 9 类,最常用的主要有磁电式、电磁式、电动式和整流式 4 种,如表 1-2 所示。

表 1-2 常用的电工测量仪表按工作原理分类(常用的 4 种)

形 式	符号	被测量的种类	电流的种类与频率
磁电式		电流、电压、电阻	直流
电磁式		电流、电压	直流及工频交流
电动式		电流、电压、电功率、功率因数、电能	直流及工频交流与较高频率的交流
整流式		电流、电压	工频交流与较高频率的交流

3. 按测量电流的种类分类

按测量电流的种类，常用的电工测量仪表可分为直流仪表、交流仪表和交直流两用仪表。

4. 按准确度分类

准确度是电工测量仪表的主要特性之一。仪表的准确度与其误差有关。无论仪表制造得如何精良，其读数和被测量的实际值之间总是有误差的。

根据国家标准，直读式电工测量仪表的准确度分为 0.1 级、0.2 级、0.5 级、1.0 级、1.5 级、2.5 级和 5.0 级，这些数字就表示仪表的相对误差。通常，0.1 级和 0.2 级仪表作为标准仪表，0.5 级至 1.5 级仪表用于实验室测量，1.5 级至 5.0 级仪表用于工程测量。

在仪表上，通常都标有表示仪表的形式、准确度的等级、电流的种类，以及仪表的绝缘耐压强度和放置位置等的符号，如表 1-3 所示。

表 1-3　电工测量仪表上的几种符号

符　号	意　　义
—	直流
∼	交流
≃	交直流
3～或≋	三相交流
ϟ2kV	仪表绝缘试验电压 2000V
↑	仪表直立放置
→	仪表水平放置
∠60°	仪表倾斜 60°放置

1.1.3　电工测量误差

由于电工测量仪器仪表的不准确、测量方法的不完善，以及测量环境、测量人员本身等各种因素造成的影响，测量结果与被测量的真实值之间总是存在差别，这种差别称为测量误差。在相同条件下多次测量同一量时，误差的绝对值和符号保持恒定，或在条件改变时，与某一个或几个因素呈函数关系的有规律的误差称为系统误差。

1. 系统误差的分类

系统误差按其来源，可分为以下 4 类。

(1) 基本误差。基本误差是指测量仪器仪表本身结构和制作上的不完善，使其准确度受到限制而产生的误差。

(2) 附加误差。附加误差是指测量仪器仪表使用时安装不当或未能满足所规定的条件而产生的误差。

(3) 方法误差。方法误差是指测量方法不完善或测量所依据的理论不完善等造成的误差。

(4) 个人误差。个人误差是指测量人员经验不足，观察、读数不准而导致的误差。这类误差往往因人而异，并且与测量人员当时的心理和生理状态密切相关。

系统误差表明了测量结果偏离真实值的程度,系统误差越小,测量结果越准确。

2. 减小系统误差的方法

(1) 减小仪器仪表误差。测量前,应将全部量具和仪器仪表进行校准,并确定它们的修正值,在数据处理过程中进行误差修正。此外,还应尽量检查各种影响量,如温度、湿度、电磁场等对仪表示值的影响,确定各种修正公式、曲线或表格。

(2) 减小装置误差。根据测量仪器仪表的使用技术条件,仔细检查全部测量仪器仪表的调定和安放情况。例如,将仪表的指针调零、将仪表按规定位置安放、环境温度符合标准、除地磁以外没有外来电磁场的影响等。

1.2 电工作业人员的安全知识

电能已成为现代化建设中最普遍使用的能源之一,不论生产还是生活都离不开电。电力的广泛使用促进了经济的发展,丰富了人们的生活。但是,在电力的生产、配送、使用过程中,电力线路和电气设备在安装、运行、检修、试验的过程中,会因线路或设备的故障、人员违章行为或大自然的雷击、风雪等原因酿成触电事故、电力设备事故或电气火灾爆炸事故,导致人员伤亡,线路或设备损毁,造成重大经济损失,这些电气事故引起的停电还会造成更严重的后果。

从事电工作业的人员广泛分布于各行各业。实际发生的事故中,70%以上的事故都与人为过失有关,有的是因为不懂得电气安全知识或不掌握安全操作技能,有的是忽视安全、麻痹大意或冒险蛮干,违章作业。因此,必须高度重视电气安全问题,采取各种有效的技术措施和管理措施,防止电气事故,保障安全用电。

电工作业过程可能存在触电、高处坠落等危险,直接关系到电工作业人员的人身安全。电工作业人员要切实履行好安全职责,确保自己、他人的安全和各行各业的用电安全。作为一名合格的电工,要履行好电工职责。

1.2.1 电工职业守则

(1) 努力做好本职工作,遵守职业道德,尽责尽力;努力学习电力电工专业知识、安全工作规程及低压电器装备规程等有关规程;认真贯彻执行有关用电安全规范、标准、规程及制度,严格按照操作规程进行作业。

(2) 牢记“安全生产,人人有责”,树立“安全第一,预防为主”的思想,不酒后作业,积极参加安全竞赛和安全生产活动,接受安全教育。

(3) 认真学习电气安全技术操作规程,做到应知应会。熟知安全知识,按规定组装电气设备,不违章作业,不冒险蛮干,拒绝违章指挥。

(4) 要坚持每日巡回检查制度,对漏电保护装置、电气设备,尤其是移动和手持电动工具、照明灯、拖地电缆线,定时进行全面检查,排除不安全因素,经过验收符合安全要求后方可交付使用;发现异常情况应采取有效措施,防止发生事故;电气设备应定期进行维修保养。

(5) 正确使用个人防护用品,做到衣着整齐,穿绝缘鞋,戴好安全帽,整装上岗,在危险处作业必须系好安全带。

(6) 要严格执行安全技术施工方案和安全技术规定,不变更、拆除安全防护设施,做好用电人员在特殊场所作业的监护。

(7) 积极宣传电气安全知识,维护安全生产秩序,有权制止任何违章指挥或违章作业行为。

(8) 对各级检查提出的隐患,按要求及时整改。

(9) 实行文明施工,不得从高处抛掷物品;对流动式电线应妥善保管,线路铺设规范,配电箱、开关箱及时上锁。

(10) 发生事故和未遂事故立即向上级报告,吸取事故教训,积极提出防止事故发生、改善劳动条件的合理化建议。

1.2.2　电工安全操作规程

(1) 工作前,穿好工作服,扎紧衣袖口,穿上绝缘鞋,不准穿凉鞋、拖鞋、背心、短裤进入工作场地;检查工具、测量仪表和防护用具是否完好。

(2) 任何电气设备未经验电检验,一律视为有电,不准用手触及。

(3) 电气设备带动的机械部分需要修理时不准在运转中拆卸修理。必须在停车后切断设备电源,取下熔断器,挂上"禁止合闸,有人工作"的警示牌,并验明无电后,方可进行工作。

(4) 在配电总盘及母线上进行工作时,在验明无电后应挂临时遮拦。装拆接地线都必须由值班电工进行。

(5) 临时工作中断后或每班开始工作前,都必须重新检查电源确保电源已断开,并验明无电。

(6) 每次维修结束时,必须清点所带工具、零件,以防遗失和留在设备内造成事故。

(7) 由专门维修人员修理电气设备或其带动的机械部分时,值班电工要进行登记,并注明停电时间。完工后要做好交代并共同检查,然后方可送电,并登记送电时间。

(8) 低压设备上必须进行带电工作时,要经过领导批准,并要有专人监护。工作时要戴工作帽、穿长袖衣服、戴绝缘手套,使用有绝缘柄的工具,并站在绝缘垫上进行操作。邻近相带电部分和接触金属部分应用绝缘板隔开。严禁使用锉刀、钢尺等进行操作。

(9) 动力配电箱的闸开关,禁止带负荷拉开。

(10) 带电装卸熔断器管时,要戴防护眼镜和绝缘手套,必要时使用绝缘夹钳,站在绝缘垫上。

(11) 熔断器的容量要与设备和线路安装容量相适应。

(12) 电气设备的金属外壳必须接地(或接零);接地线要符合标准;有电设备不准断开外壳接地线。

(13) 电器或线路拆除后,可能来电的线头必须及时用绝缘胶布包扎好。

(14) 安装灯头时,开关必须接在火线上,灯口螺纹必须接在零线上。

(15) 临时装设的电气设备必须将金属外壳接地。严禁将电动工具的外壳接地线和工作零线拧在一起插入插座。必须使用两线带地或三线地插座,以防接触不良时引起外壳带电。用软电缆连接移动设备时，专供保护接零的芯线上不许有工作电流通过。

(16) 动力配电盘、配电箱、开关、变压器等各种电气设备附近，不准堆放各种易燃易爆、潮湿和其他影响操作的物件。使用梯子时，梯子与地面之间的角度以60°为宜，不准垫高使用。在滑的地面上使用梯子时要有防滑措施。在工作中使用没有搭钩的梯子要有人扶住梯子。使用人字梯时拉绳必须牢固。

(17) 使用喷灯时，油量不得超过容积的3/4，打气要适当。不得使用漏油、漏气的喷灯，不准在易燃物品附近给喷灯点火。

(18) 使用电动工具时，要戴绝缘手套，并站在绝缘垫上操作。

(19) 在防火区和防火管道上动火，要先检查是否具备动火条件，是否采取了防火措施。

(20) 电气设备发生火灾时，要立刻切断电源，并使用四氯化碳或二氧化碳灭火，严禁用水灭火。

1.2.3 电工交接班制度

(1) 交接当班的系统运行现状、倒闸操作和保护信号动作情况以及事故处理情况。

(2) 交接当班设备、负荷、保护运行变动情况，检修试验、缺陷处理情况。

(3) 交接当班内作业及使用中的地线情况。

(4) 接班人员在交班人员的陪同下，进行现场检查和信号试验，检查应包括安全用具、仪表、设备钥匙等，检查试验无问题后，正式交班。交接双方班长分别在运行操作记录上签名，接班后，接班人员继续工作，交班人员退出现场。

1.2.4 电工操作“安全九不忘记”

(1) 不忘持证上岗和参加班前安全会。

(2) 不忘工作时间禁止饮酒，坚守工作岗位。

(3) 不忘进入施工(生产)现场戴好安全帽。

(4) 不忘高处作业系好安全带。

(5) 不忘正确使用绝缘工具和个人防护用品。

(6) 不忘勤检查、勤维护、及时排除隐患，确保安全运行。

(7) 不忘维修电气设备要停电，悬挂警示牌再作业。

(8) 不忘临时用电要执行TN-S三相五线制系统。

(9) 不忘定期检查电气设备和线路是否符合规定。

1.2.5 电工安全“四知道”

(1) 熟知中华人民共和国住房和城乡建设部《施工现场临时用电安全技术规范》。

(2) 熟知电气安装相关规程。

(3) 熟知安全技术操作规程。

(4) 熟知安全技术措施和交底要求。

1.2.6 电工作业“十不接线或不送电”

(1) 变电所、配电室不符合规程要求不接线。

(2) 施工(生产)现场临时用电不符合建设部《施工现场临时用电安全技术规范》要求不接线。

(3) 电气设备无安全保险装置或失灵不接线。

(4) 机械、车辆无安全防护装置或失效不接线。

(5) 遇有复杂或危险性作业,无安全技术措施不接线。

(6) 无安全技术措施交底或交底不清不接线。

(7) 手持电动工具、木工机械不安装漏电保护器或隔离开关不接线。

(8) 手持照明灯或危险场所不按规定使用安全电压不接线。

(9) 非电工接的电源线路不送电。

(10) 夜间施工(生产)照明设施,未经项目经理和安全员检验合格不送电。

1.2.7 防止触电伤害的十项基本安全操作要求

根据安全用电“装得安全、拆得彻底、用得正确、修得及时”的基本要求,为防止触电伤害的操作要求如下。

(1) 非电工严禁私拆乱接电气线路插头、插座、电气设备、电灯等。

(2) 使用电气设备前必须要检查线路、插头、插座、漏电保护装置是否完好。

(3) 电气线路或机具发生故障时,应找电工处理,非电工不得自行修理或排除故障;对配电箱和开关箱进行检查、维修时,必须将其前一级相应的电源开关分闸断电,并悬挂停电标志牌,严禁带电作业。

(4) 使用振捣器等手持电动机械和其他电动机械从事潮湿作业时,要由电工接好电源,装上漏电保护装置,操作者必须穿绝缘鞋、戴好绝缘手套后再进行作业。

(5) 搬迁或移动电气设备必须先切断电源。

(6) 搬运钢筋、钢管及其他金属物时,严禁触碰到电线。

(7) 禁止在电线上挂晒物料。

(8) 禁止使用照明器烘烤、取暖,禁止擅自使用电炉等大功率电器和其他电加热器。

(9) 在架空输电线路附近工作时,应停止输电;不能停电时,应有隔离措施,要保持安全距离,防止触碰。

(10) 电线必须架空,不得在地面、施工楼面随意乱拖,若必须通过地面、楼面时应有过路保护,物料、车、人不准压踏碾磨电线。

1.3 电气防火防爆安全知识

火灾和爆炸是事故的两大重要类别,可能造成重大的人员伤亡和巨额经济损失,其中电气火灾和爆炸事故又占有很大的比例。据统计表明,电气原因引起的火灾和爆炸事故,在整个火灾爆炸事故中仅次于明火，因此必须认真对待。从安全生产角度来讲，电气防火防爆安全具有十分重要的地位。

一般来说，各种电气设备在一定的环境条件下都有引发火灾和爆炸的可能。所以我们不但要学习电气设备的工作原理、安装和维修技术，同时还要了解产生火灾和爆炸事故的原因和条件，并掌握预防措施，才能确保安全。

1.3.1 燃烧和爆炸的原理

1. 燃烧

燃烧俗称着火，是可燃物与助燃物(氧化剂)作用发生的一种化学反应，通常伴有大量的光和热产生。

燃烧必须同时具备以下三个基本条件。

1）有可燃物质存在

凡能与空气中的氧气或其他氧化剂发生燃烧化学反应的物质都称为可燃物质，如木材、纸张、钠、镁、汽油、酒精、乙炔、氢等都属于可燃物质。而可燃气体、可燃蒸汽、粉尘与空气形成的混合物，各物质占有适当的比例才会发生燃烧。

2）有助燃物质存在

凡能帮助和支持燃烧的物质称为助燃物质。燃烧过程中的助燃物质，主要是空气中游离的氧，另外如氟、氯等也可以作为燃烧反应的助燃物；助燃物质数量不足时不会发生燃烧。

3）有着火源存在

凡能引起可燃物质燃烧的能量来源称为着火源，如明火、电火花等都属于着火源。着火源须具备足够的温度和足够的热量才能引起可燃物质燃烧。

2. 爆炸

在极短时间内释放大量的热和气体，并以巨大压力向四周扩散的现象，称为爆炸，爆炸过程中产生了大量的热，时常伴随或引发燃烧现象，从而导致火灾。按爆炸的性质不同，可分为化学性爆炸、物理性爆炸和核爆炸。

1）化学性爆炸

由于物质发生极迅速的化学反应，产生高温、高压而引起的爆炸称为化学性爆炸。如乙炔酮、碘化氮、氯化氮受轻微振动即会引起爆炸，硝化甘油、黑色火药、可燃气体、可燃蒸汽、粉尘与空气形成混合物的爆炸都属于化学性爆炸。化学性爆炸往往会直接引发火灾，是防火防爆工作中的重点。

2）物理性爆炸

物质因状态或压力发生突变而形成爆炸的现象称为物理性爆炸。例如，容器内液体过热汽化引起的爆炸，锅炉的爆炸，压缩气体、液化气体超压引起的爆炸等。物理性爆炸前后物质的性质及化学成分均不改变。物理性爆炸能间接引起火灾。

3）核爆炸

某些物质的原子核发生裂变或聚变的连锁反应，在瞬时释放出巨大能量，形成高温高压并辐射多种射线，这种反应称为核爆炸。核爆炸会造成灾难性的后果，在日常生活中并不常见。

1.3.2　危险环境

不同危险环境应选用不同类型的防爆电气设备，并采用不同的防爆措施。因此，首先必须正确划分所在环境危险区域的大小和级别。

1. 爆炸性气体危险环境

根据爆炸性气体混合物出现的频率程度和持续时间，将此类危险环境分为0区、1区和2区三个等级区域。危险区域的大小受通风条件、释放源特征和危险物品性能参数等因素的影响，爆炸危险区域的级别主要受释放源特征和通风条件的影响，连续释放比周期性释放的级别高，周期性释放比偶然短时间释放的级别高。良好的通风（包括局部通风）可降低爆炸危险区域的范围和等级。

1）0区

0区是指正常运行时连续出现或长时间出现爆炸性气体、蒸汽或薄雾的区域。除有危险物质的封闭空间（如密闭容器内部空间、固定液体储罐内部空间等）以外，很少存在0区。

2）1区

1区是指正常运行时可能偶然性出现或预计频率较低的周期性出现爆炸性气体、蒸汽或薄雾的区域。

3）2区

2区是指正常运行时不出现，即使出现也只是短时间偶然出现爆炸性气体、蒸汽或薄雾的区域。

上述正常运行是指正常的开车、运转、停车，易燃物质的装卸，密闭容器盖的开闭，安全阀、排放阀，以及工厂所有设备的参数均符合设计要求，在其限制范围内工作的状态。

爆炸危险区域的范围和等级还与危险蒸汽密度等因素有关。例如，当危险蒸汽密度大于空气密度时，四周障碍物以内应划为爆炸危险区域，地坑或地沟内应划为高一级的爆炸危险区域；当危险蒸汽密度小于空气密度时，室内上方封闭空间应划为高一级的爆炸危险区域等。

2. 可燃性粉尘危险环境

根据可燃性粉尘、可燃性粉尘与空气混合物出现的频率和持续时间，以及粉尘层厚度，将可燃性粉尘环境可分为20区、21区和22区三个区域等级。

1）20区

在正常运行过程中，可燃性粉尘连续出现或经常出现，而且可燃性粉尘、可燃性粉尘与空气混合物其数量足以形成无法控制的极厚粉尘层的场所及容器内部。

2）21区

在正常运行过程中，可能出现的粉尘数量足以形成可燃性粉尘与空气混合物但未划入20区的场所。该区域包括：与充入或排放粉尘点直接相邻的场所、出现粉尘层和正常操作情况下可能产生可燃浓度的可燃性粉尘与空气混合物的场所。

3）22区

在异常条件下，可燃性粉尘云偶尔出现并且只是短时间存在，或可燃性粉尘偶尔出现堆积，或可能存在粉尘层并且产生可燃性粉尘空气混合物的场所。如果不能保证排除可燃性粉尘堆积或粉尘层时，则应划分为21区。

1.3.3 电气火灾和爆炸的原因

为了防止电气火灾和爆炸，首先应当了解电气火灾和爆炸的原因。电气线路、电动机、油浸电力变压器、开关设备、电灯、电热设备等不同电气设备，由于其结构、运行各有其特点，引发火灾和爆炸的危险性和原因也各不相同。但总的来看，除设备缺陷、安装不当等设计和施工方面的原因外，在运行中，电流的热量和火花或电弧是引发火灾与爆炸的直接原因。

1. 危险温度

危险温度是电气设备过热造成的，而电气设备过热主要是由电流的热量造成的。导体的电阻虽然很小，但其电阻总是客观存在的。因此，电流通过导体时要消耗一定的电能。电气设备运行时总要发热。但是，正确设计、正确施工、正确运行的电气设备，稳定运行时，即发热与散热平衡时，其最高温度和最高温升(即最高温度与周围环境温度之差)都不会超过某一允许范围。这就是说，电气设备正常的发热是允许的。但当电气设备的正常运行遭到破坏时，发热量增加，温度升高，在一定条件下就可能引起火灾。

引起电气设备过度发热的不正常运行主要包括以下几种情况。

1）短路

发生短路时，线路中的电流增加为正常时的几倍甚至几十倍，而产生的热量与电流的平方成正比，使得温度急剧上升。当温度达到可燃物的自燃点，即引起燃烧，从而可能导致火灾。

由于电气设备的绝缘老化变质，或受到高温、潮湿或腐蚀的作用而失去绝缘能力，即可能引起短路事故。例如，把绝缘导线直接缠绕、勾挂在铁钉或其他金属导体上时，因为长时间磨损腐蚀，很容易破坏导线的绝缘层从而造成短路。

在设备的安装检修过程中如果操作不当或工作疏忽，可能使电气设备的绝缘受到机械损伤、由于接线和操作错误而形成短路。相线与零线直接或通过机械设备金属部分短路时，会产生更大的短路电流而加大危险性。

由于雷击等过电压的作用，电气设备的绝缘可能被击穿从而造成短路。小动物、生长的植物侵入电气设备内部，导电性粉尘、纤维进入电气设备内部沉积，或电气设备受潮等都可能造成短路。

2）过载

过载也会引起电气设备过热。造成过载主要有以下三种情况。

(1) 设计选用线路设备不合理，或没有考虑适当的余量，以致在正常负载下出现过热。

(2) 使用不合理。即管理不严、乱拉乱接造成线路或设备超负荷工作，或连续使用时间过长导致线路或设备的运行时间超出设计承受极限，或设备的工作电流、电压或功率超过设备的额定值等都会造成电气设备过热。

(3) 设备故障运行会造成设备和线路过负载。如三相电动机缺一相运行或三相变压器不对称运行均可能造成过载。

3）接触不良

接触部位是电路中的薄弱环节，是发生过热的一个重点部位。

不可拆卸的接头连接不牢、焊接不良或接头处混有杂质，都会增加接触电阻而导致接头过热。可拆卸的接头连接不紧密或由于振动而松动也会导致接头发热，这种发热在大功率电路中表现得尤为严重。

至于电气设备的活动触头，如刀开关的触头、接触器的触头、插式熔断器（插保险）的触头、插销的触头、滑线变阻器的滑动接触处等，如果没有足够的接触压力或接触表面粗糙不平，均可能增大接触电阻，导致过热而产生危险温度。由于各种导体间的物理、化学性质差异，不同种类的导体连接处极易产生危险温度，如铜和铝电性不同、铜铝接头易因电解作用而腐蚀从而导致接头处过热。

由于电气设备接地线接触不良或未接地，会导致漏电电流集中在某一点引起严重的局部过热，产生危险温度。

4）铁芯发热

变压器、电动机等设备的铁芯，如因为铁芯绝缘损坏或长时间超电压、涡流损耗和磁滞损耗增加而过热，会产生危险温度。

带有电动机的电气设备，如果轴承损坏或被卡住，造成停转或堵转，都会产生危险温度。

5）散热不良

各种电气设备在设计和安装时都考虑有一定的散热或通风措施，如果这些措施受到破坏，即造成设备过热。如油管、通风道堵塞或安装位置不好，都会使散热不良，造成过热。日常生活的家用电器，如电磁炉、白炽灯泡外壳、电熨斗灯表面都有很高的温度，若安装或使用不当，均可能引起火灾。

2. 火花和电弧

电火花是电极间的击穿放电，电弧是由大量的电火花汇集成的。

一般电火花的温度很高，特别是电弧，温度可高达3000～6000℃，因此，电火花和电弧不仅能引起可燃物燃烧，还能使金属熔化、飞溅，构成危险的火源。在有爆炸危险的场所，电火花和电弧是十分危险的因素。在日常生产和生活中，电火花很常见。电火花大体包括工作火花和事故火花两类。

工作火花是指电气设备正常工作时或正常操作过程中产生的火花，如直流电动机电刷与整流子滑动接触处、交流电动机电刷与滑环滑动接触处电刷后方的微小火花，开关或接触器开合时的火花，插销拔出或插入时的火花等。

事故火花包括线路或设备发生故障时出现的火花。如电路发生故障，保险丝熔断时产生的火花；又如导线过松导致短路或接地时产生的火花。事故火花还包括由外来原因产生的火花，如雷电火花、静电火花、高频感应电火花等。

灯泡破碎时瞬时温度达2000～3000℃的灯丝有类似火花的危险作用。电动机转子和定子发生摩擦（扫膛）或风扇与其他部件碰撞产生的火花，属于机械性质火花，同样可以引起火灾爆炸事故，也应加以防范。

电气设备本身，除断路器可能爆炸，电力变压器、电力电容器、充油套管等充油设备可能爆裂外，一般不会出现爆炸事故。但电气设备的周边环境在以下情况下，可能由于电弧、电火花引发空间爆炸。

(1) 周围空间有爆炸性混合物,在危险温度或火花作用下可引发空间爆炸。

(2) 充油设备的绝缘油在电弧作用下分解和汽化,喷出大量油雾和可燃气体,可引发空间爆炸。

(3) 发电机氢冷装置漏气、酸性蓄电池排出氢气等,形成爆炸性混合物,由电弧、火花引发空间爆炸。

1.3.4 防火防爆措施

从根本上说,所有防火防爆措施都是控制燃烧和爆炸的三个基本条件,使之不能同时出现。因此,防火防爆措施必须是综合性的措施,除了合理选用电气设备外,还包括保持必要的防火间距、保持电气设备正常运行、保持通风良好、采用耐火设施、装设良好的保护装置等技术措施。

1. 保持防火间距

选择合理的安装位置,保持必要的安全间距也是防火防爆的一项重要措施。为了防止电火花或危险温度引起火灾,开关、插销、熔断器、电热器具、照明器具电焊设备、电动机等均应根据需要,适当避开易燃物或易燃建筑构件;天车滑触线的下方,不应堆放易燃物品;10kV 及以下的变、配电室不应设在爆炸危险场所的正上方或正下方;变、配电室与爆炸危险场所或火灾危险场所毗邻时,隔墙应是非燃材料制成的。

2. 保持电气设备正常运行

电气设备运行中产生的火花和危险温度是引起火灾的重要原因。因此,防止过大的工作火花,防止出现事故火花和危险温度,即保持电气设备的正常运行对于防火防爆也有重要的意义。保持电气设备的正常运行包括保持电气设备的电压、电流、温升等参数不超过允许值,包括保持电气设备足够的绝缘能力、保持电气连接良好等。

在爆炸危险场所,所用导线允许载流量不应低于线路熔断器额定电流的 1.25 倍和自动开关长延时过电流脱扣器整定电流的 1.25 倍。

3. 接地

爆炸危险场所的接地(或接零)较一般场所要求高,应注意以下几点。

(1) 除生产上有特殊要求的以外,一般场所不要求接地(或接零)的部分仍应接地(或接零)。例如,在不良导电地面处,交流电压 380V 及以下、直流电压 440V 及以下的电气设备正常时不带电的金属外壳,还有直流电压 110V 及以下、交流电压 127V 及以下的电气设备,以及敷设有金属包皮且两端已接地的电缆用的金属架均应接地(或接零)。

(2) 在爆炸危险场所,6V 电压所产生的微弱火花即可能引起爆炸,因此,在爆炸危险场所,必须将所有电气设备的金属部分、金属管道以及建筑物的金属结构全部接地(或接零),并连接成连续整体以保持电流途径不中断;接地(或接零)干线宜在爆炸危险场所不同方向不少于两处与接地体相连,连接要牢靠,以提高可靠性。

(3) 单相设备的工作零线应与保护零线分开,相线和工作零线均应装设短路保护装置,并装设双极开关同时操作相线和工作零线。

(4) 在爆炸危险场所,如由不接地系统供电,必须装设能发出信号的绝缘监视装置,使有一相接地或严重漏电时能自动报警。

1.3.5　电气灭火常识

与一般火灾相比，电气火灾有两个显著特点：①着火的电气设备可能带电，扑灭时若不注意就会发生触电事故；②有些电气设备充有大量的油（如电力变压器、多油断路器等），一旦着火，可能发生喷油甚至爆炸事故，造成火焰蔓延，扩大火灾范围。因此，根据现场情况，可以断电的应断电灭火，无法断电的则带电灭火。

1. 断电安全要求

发现起火后，首先要设法切断电源。切断电源要注意以下几点。

（1）火灾发生后，由于受潮或烟熏，开关设备绝缘能力降低，因此，拉闸时最好用绝缘工具操作。

（2）高压应先操作断路器而不应该先操作隔离开关切断电源，低压应先操作磁力启动器后操作闸刀开关切断电源，以免引起电弧。

（3）切断电源时要选择适当的范围，防止切断电源后影响灭火工作。

（4）剪断电线时，不同相电线应在不同部位剪断，以免造成短路；剪断空中电线时，剪断位置应选择在电源方向的支持物附近，以防止电线切断后断落下来造成接地短路和触电事故。

2. 带电灭火安全要求

有时为了争取灭火时间，防止火灾扩大而来不及断电，或因生产需要或其他原因不能断电，则需要带电灭火。带电灭火需注意以下几点。

（1）应按灭火器和电气起火的特点，正确选择和使用适当的灭火器。

二氧化碳灭火器可用于600V以下的带电灭火。灭火时，先将灭火器提到起火地点放好，再拔出保险销，一只手握住喇叭筒根部的手柄，另一只手紧握启闭阀的压把。如果二氧化碳灭火器没有喷射软管，应把喇叭筒上扳70°～90°。使用时，不能直接用手抓住喇叭筒外壁或金属连接管，防止手被冻伤。在室外使用的，灭火时应选择上风方向喷射。在室内窄小空间使用时，灭火后灭火人员应迅速离开，防止窒息。

干粉灭火器可用于50kV以下的带电灭火。干粉灭火器最常用的开启方法为压把法：将灭火器提到距火源适当位置后，先上下颠倒几次，使筒内的干粉松动，然后让喷嘴对准燃烧最猛烈处，拔去保险销，压下压把，灭火剂便会喷出。开启干粉灭火棒时，左手握住其中部，将喷嘴对准火焰根部，右手拔掉保险卡，旋转开启旋钮，打开储气瓶，干粉便会喷出灭火。泡沫灭火器喷出的灭火泡沫中含有大量水分，有导电性，可导致使用者触电，因此不宜用于带电灭火。

（2）用水枪灭火时宜采用喷雾水枪；带电灭火，为防止电流通过水柱的泄漏经过人体，可以将水枪喷嘴接地，让灭火人员穿戴绝缘手套和绝缘靴或穿戴带电作业屏蔽服操作。

（3）人体与带电体之间保持必要的安全距离。用水灭火时，水枪喷嘴至带电体的距离：电压110kV及以下者不应小于3m，220kV及以上者不应小于5m。用二氧化碳等有不导电灭火剂的灭火器灭火时，人体、喷嘴至带电体的最小距离：电压10kV者不应小于0.4m，

35kV 者不应小于 0.6m 等。

(4) 对架空线路等空中设备进行灭火时,人体位置与带电体之间的仰角不应超过 45°,以防导线断落危及灭火人员的安全。

(5) 如遇带电导线断落地面,应在周围设立警戒区,防止跨步电压伤人。

3. 充油设备灭火要求

充油设备的油,闪点多在 130～140℃,有较大的危险性。如果只是在设备外部起火,可用二氧化碳(600V 以下)、干粉灭火器带电灭火。灭火时,灭火人员应站在上风侧,避免被火焰烧伤、烫伤,或者受烟雾、风向影响降低灭火效果。如火势较大,应切断电源,方可用水灭火。如油箱破裂、喷油燃烧,火势很大时,除切除电源外,有事故贮油坑的应设法将油放进贮油坑,坑内和地上的油火可用泡沫灭火器扑灭;要防止燃烧着的油流入电缆沟而顺沟蔓延,电缆沟内的油火只能用泡沫覆盖扑灭。

发电机和电动机等旋转电机起火时,为防止轴和轴承变形,可令其慢慢转动,用喷雾水灭火,并使其均匀冷却;也可用二氧化碳、蒸汽、干粉灭火,但使用干粉会有残留,灭火后难以清理。

CHAPTER 2

第2章

安全用具使用

2.1 常用电工仪表使用

2.1.1 万用表

万用表又称为复用表、多用表、三用表、繁用表等，是电力电子等部门不可缺少的测量仪表，一般以测量电压、电流和电阻为主要目的。万用表按显示方式分为指针式万用表和数字式万用表。图 2-1 所示为指针式万用表，图 2-2 所示为数字式万用表。

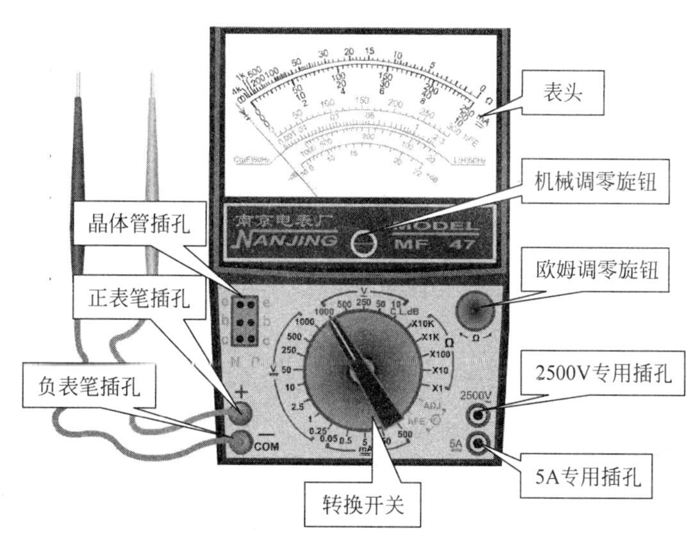

图 2-1 指针式万用表

1. 万用表的作用

万用表是具有多功能、多量程的测量仪表，一般用万用表可测量直流电流、直流电压、交流电压、电阻和音频电平等，有的还可以测交流电流、电容量、电感量及

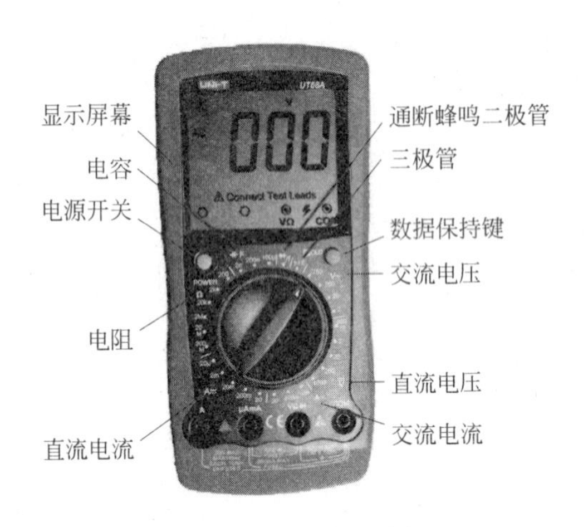

图 2-2　数字式万用表

半导体的一些参数。

2. 使用前外观检查

(1) 检查万用表外观是否完整,外壳有无裂痕、破损等。

(2) 检查万用表电池盒电池是否缺漏,低压电池盒应放入 1.5V 电池,高压电池盒应放入 9V 电池,电池正负极不得装反。

(3) 检查万用表刻度线是否清晰,指针是否指向"0"位,若没指向"0"位,需要进行机械调零。

(4) 检查万用表红黑表笔是否插错或破损。红表笔接"+"插孔,黑表笔接"-"插孔。若测量 1000~2500V 电压时,则红表笔必须插入 2500V 专用输入端;若测量 500mA~5A 直流电流时,则红表笔必须插入 5A 电流输入端,黑表笔只插在"-"。

(5) 检查万用表有无合格证书或合格标志,无合格证书或合格标志不能使用。

3. 万用表的操作规程

(1) 使用前应熟悉万用表各项功能,根据被测量的对象,正确选用挡位、量程及表笔插孔。

(2) 在对被测数据大小不明时,应先将量程开关置于最大值,而后由大量程往小量程挡处切换,使仪表指针指示在满刻度的 1/2 以上处。

(3) 测量电阻时,在选择了适当倍率挡后,将两表笔相碰,使指针指在"0"位,如指针偏离"0"位,应调节"欧姆调零"旋钮,使指针归零,以保证测量结果准确。如不能调零或数显表发出低电压报警,应及时检查。

(4) 在测量某电路电阻时,必须切断被测电路的电源,不得带电测量。

(5) 使用万用表进行测量时,要注意人身和仪表设备的安全,测试中不得用手触摸表笔的金属部分,不允许带电切换挡位开关,以确保测量准确,避免发生触电和烧毁仪表等事故。

4. 万用表的使用注意事项

(1) 在使用万用表之前,应先进行机械调零,即在没有被测电量时,使万用表指针指在零电压或零电流的位置上。

(2) 在使用万用表过程中,不能用手去接触表笔的金属部分,这样一方面可以保证测量的准确;另一方面也可以保证人身安全。

(3) 在测量某一电量时,不能在测量的同时换挡,尤其是在测量高电压或大电流时更应注意,否则会毁坏万用表。如需换挡,应先断开表笔,换挡后再进行测量。

(4) 万用表在使用时,必须水平放置,以免造成误差。同时,还要注意避免外界磁场对万用表的影响。

(5) 万用表使用完毕,应将转换开关置于交流电压的最大挡。如果长期不使用,还应将万用表内部的电池取出来,以免电池腐蚀表内其他器件。

5. 万用表的使用测量

指针式万用表调挡旋钮如图 2-3 所示。

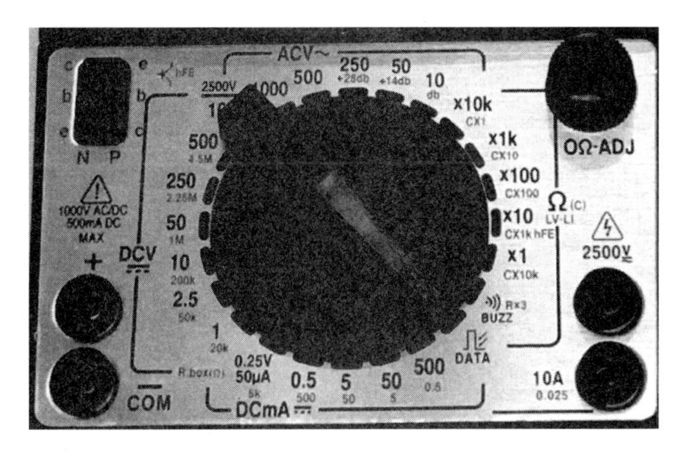

图 2-3 指针式万用表调挡旋钮

(1) 测量直流电压时,先预估出被测物直流电压值的大小,将量程开关旋至 DCV 的合适量程(若无法估算,则从最大值开始测量),并将表笔与被测线路并联(红表笔接被测物正极,黑表笔接被测物负极)。

测量值=刻度指示值×量程/满偏

(2) 测量交流电压时,先预估出被测物交流电压值的大小,将量程开关旋至 ACV 的合适量程(若无法估算,则从最大值开始测量),并将表笔与被测线路并联(测交流时不分正负极)。

测量值=刻度指示值×量程/满偏

(3) 测量直流电流时,先预估出被测物直流电流值的大小,将量程开关旋至 DCA 的合适量程(若无法估算,则从最大值开始测量),并将万用表串联在被测电路中(红表笔接被测物正极,黑表笔接被测物负极)。

测量值=刻度指示值×量程/满偏

(4) 测量电阻时,先预估出被测物电阻值的大小,将量程开关旋至 Ω 的合适量程(若无法预估则从 $R\times100$ 挡或 $R\times1k$ 挡开始),先进行欧姆调零,测量元件从电路中断开后将表笔与被测元件并联(测电阻时不分正负极)。

测量值=刻度指示值×量程

6. 万用表的读数

指针式万用表要等指针指向稳定后才可读数(测电阻时指针必须指向表盘1/3～2/3才可读数),数字式万用表直接读出数值即可。

7. 万用表使用考核

根据本小节学习内容进行万用表使用考核训练;考核准备及教学流程如表2-1所示。

表2-1　考核准备及教学流程

序号	考核准备及教学流程
1	准备本次考核所需要的器材、工具、电工仪表等
2	检查学生出勤情况;检查工作服、帽、鞋等是否符合安全操作要求
3	集中讲课,现场示范,讲述考核情况,布置本次实操考核作业
4	学生分组考核练习,教师巡回指导
5	教师逐一对学生进行考核评分
6	回顾考核情况,集中点评

1)考核地点及考核器材

在"低压电工科目一《安全用具使用》"模拟考室进行考核;考核所需器材、工具、仪表等见"附录D　实操考试卡及考核室设备零件配置——科目一"。

2)考核评分

万用表使用考核评分表,如表2-2所示。

表2-2　万用表使用考核评分表

科目一:安全用具使用(时间:15分钟,配分20分)

K11电工仪表安全使用:☑K11-1万用表　□K11-2　□K11-3　□K11-4

<table>
<tr><th>序号</th><th>考评项目</th><th>考评内容</th><th>配分</th><th>扣分原因</th><th>得分</th></tr>
<tr><td rowspan="6">1</td><td rowspan="6">电工仪表安全使用</td><td>电工仪表的认识</td><td>4</td><td>口述万用表的作用,不正确或不全每项扣1分</td><td></td></tr>
<tr><td>仪表检查</td><td>4</td><td>1. 外观检查:未检查□　扣2分
不完整□　扣1分
2. 未检查合格证□　扣2分</td><td></td></tr>
<tr><td>正确使用仪表</td><td>10</td><td>1. 无使用前检查□　扣2分
2. 无使用前校准□　扣2分
3. 选用挡位不准确□　扣2分
4. 操作不正确□　扣10分</td><td></td></tr>
<tr><td>对测量结果进行判断</td><td>2</td><td>不会读数或读数不准确扣2分</td><td></td></tr>
<tr><td>否定项</td><td colspan="2">1. 对给定的测量任务,无法正确选择合适的仪表□
2. 对给定的测量任务不会测量□
3. 违反安全操作规范导致自身或仪表处于不安全状态□</td><td></td></tr>
<tr><td>合　计</td><td>20</td><td>无法正确选择合适的仪表或违反安全操作规范导致自身或仪表处于不安全的状态,本项目为0分并终止本项目考试</td><td></td></tr>
</table>

2.1.2 钳形电流表

钳形电流表是由电流互感器和电流表组合而成。电流互感器的铁芯在捏紧扳手时可以张开；被测电流所通过的导线可以不必切断就可穿过铁芯张开的缺口，当放开扳手后铁芯闭合。图 2-4 所示为指针式钳形电流表，图 2-5 所示为数字式钳形电流表。

图 2-4 指针式钳形电流表

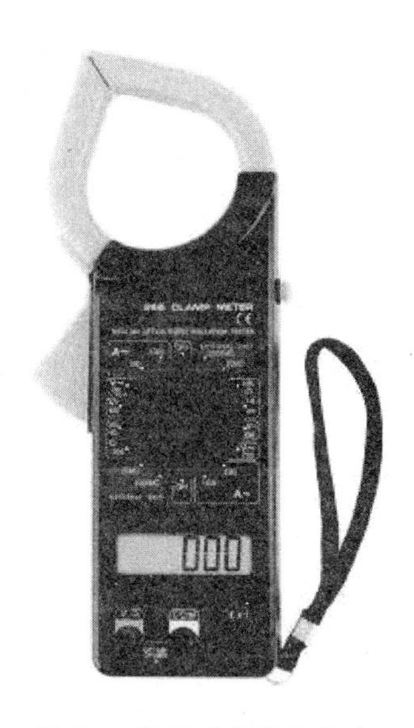

图 2-5 数字式钳形电流表

1. 钳形电流表的作用

钳形电流表用于测量正在运行的电气线路的电流大小。

2. 使用前外观检查

（1）检查钳形电流表外观是否完整，外壳有无裂痕、破损等。

（2）检查钳形电流表的钳口能否正常开合，钳口开合处有无污垢、缝隙等。

（3）检查表盘是否清晰，指针是否指向“0”位，若没指向“0”位，需要进行机械调零。

（4）检查钳形电流表有无合格证书或合格标志，无合格证书或合格标志不能使用。

3. 钳形电流表的使用测量

钳形电流表的使用方法如图 2-6 所示。测量电流时，按动扳手，打开钳口，将被测载流导线置于穿心式电流互感器的中间，当被测导线中有交变电流通过时，交变电流的磁通在互感器副边绕组中感应出电流，该电流通过电磁式电流表的线圈，使指针发生偏转，在表盘标度尺上指出被测电流值。

（1）指针式钳形电流表测量前要机械调零。

（2）选择合适挡位（看电动机铭牌标示或由最大挡位逐步调小），戴绝缘手套，穿绝缘鞋，站在绝缘垫上逐相测量运行电流。

（3）测量前钳口开合几次进行消磁，测量时应使被测导线放置在钳口中央，水平放置钳形电流表进行读数，若读数太小，将钳形电流表退出后，调小量程再次进行消磁操作后才可

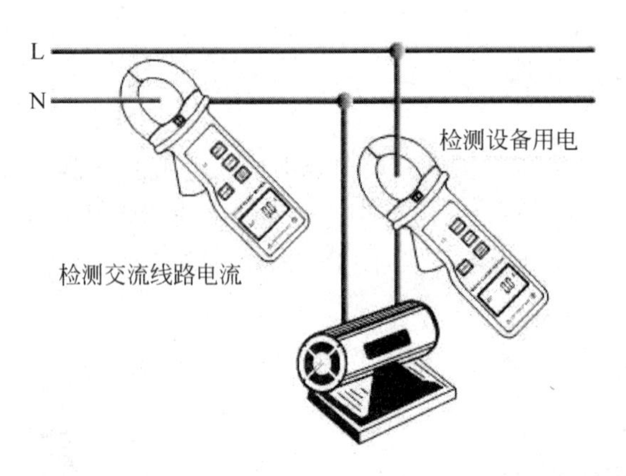

图 2-6　钳形电流表的使用方法

测量。若已调到最小量程，则可将导线缠绕相应圈数再进行测量并读数。

单根导线电流值=(刻度指示值×量程)/(满偏/圈数)

(4) 测量完毕，要将转换开关置于最大量程处。

(5) 测量时，应使被测导线处在钳口的中央，并使钳口闭合紧密，以减少误差。

4. 钳形电流表的读数

读数时如数值偏小，多绕1～2圈再次测量读数，读取的数值除以圈数。电动机三相均要测量读数。

5. 钳形电流表使用考核

根据本小节学习内容进行钳形电流表使用考核训练；考核准备及教学流程如表2-3所示。

表 2-3　考核准备及教学流程

序号	考核准备及教学流程
1	准备本次考核所需要的器材、工具、电工仪表等
2	检查学生出勤情况；检查工作服、帽、鞋等是否符合安全操作要求
3	集中讲课，现场示范，讲述考核情况，布置本次实操考核作业
4	学生分组考核练习，教师巡回指导
5	教师逐一对学生进行考核评分
6	回顾考核情况，集中点评

1) 考核地点及考核器材

在“低压电工科目一《安全用具使用》”模拟考室进行考核；考核所需器材、工具、仪表等见“附录D　实操考试卡及考核室设备零件配置——科目一”。

2) 考核评分

钳形电流表使用考核评分表如表2-4所示。

表 2-4　钳形电流表使用考核评分表

科目一：安全用具使用(时间：15 分钟，配分 20 分)

K11 电工仪表安全使用：□K11-1　☑K11-2 钳形电流表　□K11-3　□K11-4

序号	考评项目	考评内容	配分	扣分原因	得分
1	电工仪表安全使用	电工仪表的认识	4	口述钳形电流表的作用，不正确或不全每项扣 1 分	
		仪表检查	4	1. 外观检查：未检查□　扣 2 分 不完整□　扣 1 分 2. 未检查合格证□　扣 2 分	
		正确使用仪表	10	1. 无使用前检查□　扣 2 分 2. 无使用前校准□　扣 2 分 3. 选用挡位不准确□　扣 2 分 4. 操作不正确□　扣 10 分	
		对测量结果进行判断	2	不会读数或读数不准确扣 2 分	
		否定项		1. 对给定的测量任务，无法正确选择合适的仪表□ 2. 对给定的测量任务不会测量□ 3. 违反安全操作规范导致自身或仪表处于不安全状态□	
		合　计	20	无法正确选择合适的仪表或违反安全操作规范导致自身或仪表处于不安全的状态，本项目为 0 分并终止本项目考试	

2.1.3　兆欧表

兆欧表大多采用手摇发电机供电，故又称摇表，如图 2-7 所示。它的刻度是以兆欧(MΩ)为单位的。

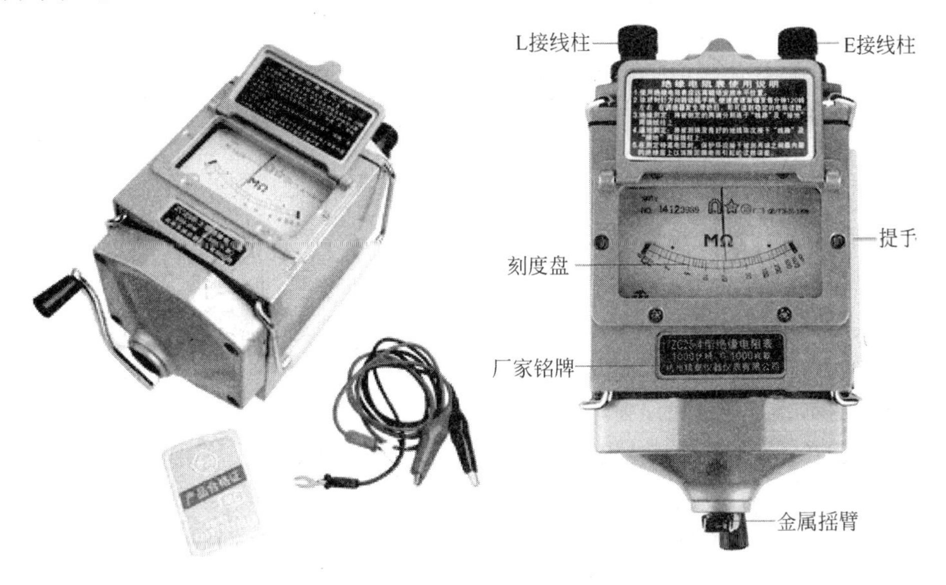

图 2-7　兆欧表(摇表)

1．兆欧表的作用

兆欧表一般用来测量电路、电机绕组、电缆、电气设备等的绝缘电阻。

2．使用前外观检查

(1) 检查兆欧表外观是否完整,外壳有无裂痕、破损等。

(2) 检查兆欧表表盘是否清晰。

(3) 检查兆欧表红黑表笔是否插错或破损,红表笔应接相线端(L),黑表笔应接地线端(E)。

(4) 检查兆欧表保护环是否完好。

(5) 检查兆欧表的金属摇臂能否正常摇动。

(6) 检查兆欧表有无合格证书或合格标志,无合格证书或合格标志不能使用。

3．兆欧表的使用测量

兆欧表的使用测量接线如图 2-8 所示。

图 2-8 兆欧表(摇表)的使用

(1) 开路试验：摇表的 E 端和 L 端开路,平置摇表,摇动手柄从慢到快速度达 120r/min,观察指针是否指“∞”。

(2) 短路试验：摇表的 E 端和 L 端短接,轻摇手柄约半圈,观察指针是否指“0”。

(3) 相与相测量(UV、UW、VW 共测量三次)。

① 摇表的 E 端和 L 端分别接电动机的 U 相和 V 相,摇动手柄从慢到快转速达 120r/min,待指针指向稳定后读取数值再缓慢停止。

② 摇表的 E 端和 L 端分别接电动机的 U 相和 W 相,摇动手柄从慢到快转速达 120r/min,待指针指向稳定后读取数值再缓慢停止。

③ 摇表的 E 端和 L 端分别接电动机的 V 相和 W 相,摇动手柄从慢到快转速达 120r/min,待指针指向稳定后读取数值再缓慢停止。

(4) 相与地测量(U 与外壳、V 与外壳、W 与外壳共测量三次)。

① 摇表的 E 端接电动机外壳,L 端接电动机的 U 相,摇动手柄从慢到快转速达 120r/min,待指针指向稳定后读取数值再缓慢停止。

② 摇表的 E 端接电动机外壳,L 端接电动机的 V 相,摇动手柄从慢到快转速达 120r/min,待指针指向稳定后读取数值再缓慢停止。

③ 摇表的 E 端接电动机外壳,L 端接电动机的 W 相,摇动手柄从慢到快转速达 120r/min,待指针指向稳定后读取数值再缓慢停止。

4. 兆欧表的读数

保持手柄转速达 120r/min，待指针稳定后读取数值，读数大于 0.5MΩ 电动机可以使用。

5. 兆欧表使用考核

根据本小节学习内容进行兆欧表使用考核训练；考核准备及教学流程如表 2-5 所示。

表 2-5 考核准备及教学流程

序号	考核准备及教学流程
1	准备本次考核所需要的器材、工具、电工仪表等
2	检查学生出勤情况；检查工作服、帽、鞋等是否符合安全操作要求
3	集中讲课，现场示范，讲述考核情况，布置本次实操考核作业
4	学生分组考核练习，教师巡回指导
5	教师逐一对学生进行考核评分
6	回顾考核情况，集中点评

1）考核地点及考核器材

在“低压电工科目一《安全用具使用》”模拟考室进行考核；考核所需器材、工具、仪表等见“附录 D 实操考试卡及考核室设备零件配置——科目一”。

2）考核评分

兆欧表使用考核评分表如表 2-6 所示。

表 2-6 兆欧表使用考核评分表

科目一：安全用具使用（时间：15 分钟，配分 20 分）

K11 电工仪表安全使用：□K11-1 □K11-2 ☑K11-3 兆欧表 □K11-4

序号	考评项目	考评内容	配分	扣分原因	得分
1	电工仪表安全使用	电工仪表的认识	4	口述兆欧表的作用，不正确或不全每项扣 1 分	
		仪表检查	4	1. 外观检查：未检查□ 扣 2 分 不完整□ 扣 1 分 2. 未检查合格证□ 扣 2 分	
		正确使用仪表	10	1. 无使用前检查□ 扣 2 分 2. 无使用前校准□ 扣 2 分 3. 选用挡位不准确□ 扣 2 分 4. 操作不正确□ 扣 10 分	
		对测量结果进行判断	2	不会读数或读数不准确扣 2 分	
		否定项	1. 对给定的测量任务，无法正确选择合适的仪表□ 2. 对给定的测量任务不会测量□ 3. 违反安全操作规范导致自身或仪表处于不安全状态□		
		合 计	20	无法正确选择合适的仪表或违反安全操作规范导致自身或仪表处于不安全的状态，本项目为 0 分并终止本项目考试	

2.1.4 接地电阻测试仪

手摇式接地电阻测试仪是一种较为传统的测量仪表，如图 2-9 所示。手摇式接地电阻测试仪的基本原理是采用三点式电压落差法，升压方式主要是人工手摇升压。

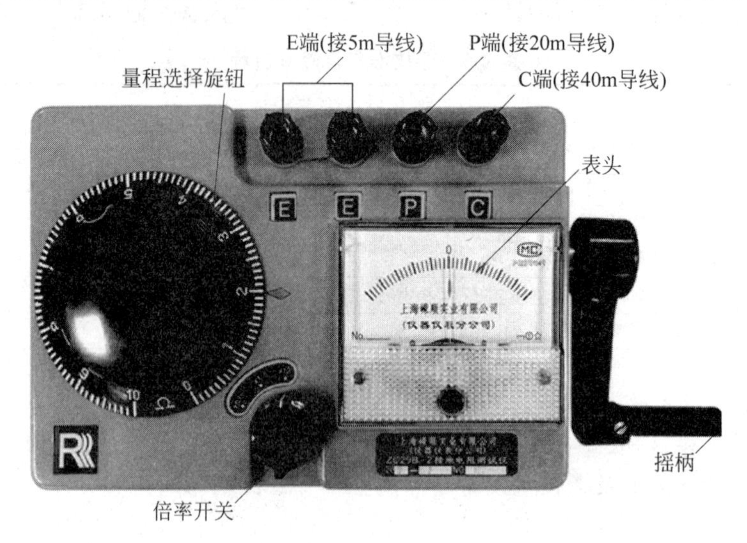

图 2-9 手摇式接地电阻测试仪(正面图)

影响接地电阻测试的因素很多，如接地桩的大小(长度、粗细)、形状、数量、埋设深度，周围地理环境(如平地、沟渠、坡地是不同的)，土壤湿度、质地等。为了保证设备的良好接地，利用仪表对地电阻进行测量是必不可少的，常用的测量仪器是手摇式接地电阻测试仪、数字式接地电阻测试仪和钳形接地电阻测试仪。

1. 接地电阻测试仪的作用

接地电阻测量仪是专门用于直接测量各种接地装置的接地电阻值的仪表，适用于电力、邮电、铁路、通信、矿山等部门测量各种装置的接地电阻以及测量低电阻的导体电阻值。

2. 使用前外观检查

(1) 检查接地电阻测试仪外观是否完整，外壳有无裂痕、破损等。

(2) 检查表笔有无接错或损坏(C 端接 40m 导线，P 端接 20m 导线，E 端接 5m 导线)。

(3) 检查表盘是否清晰。

(4) 检查量程选择旋钮和倍率开关是否完好。

(5) 检查接地电阻测量仪有无合格证书或合格标志，无合格证书或合格标志不能使用。

3. 接地电阻测试仪的使用测量

接地电阻测试仪的接线如图 2-10 所示。

(1) E 端(5m 导线)连接被测物的接地体探针 E′，P 端(20m 导线)连接电位探针 P′，C 端(40m 导线)连接电流探针 C′。三根探针 E′、P′、C′保持直线，其间距为 20m。

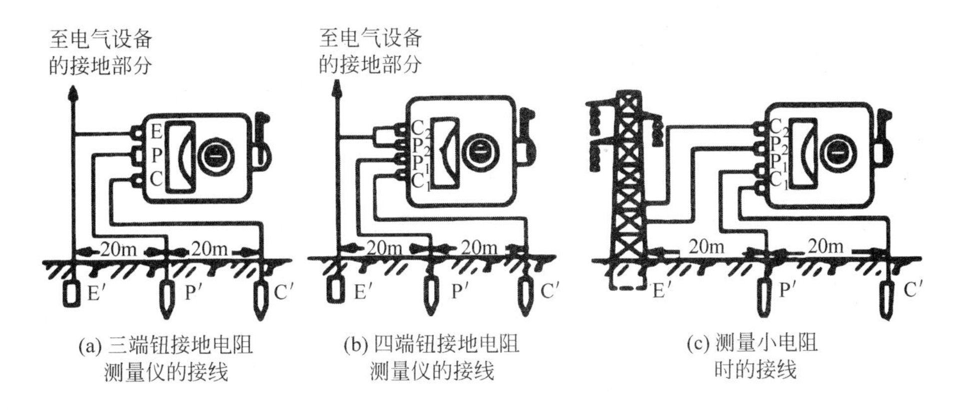

图 2-10　接地电阻测试仪的使用

（2）水平放置接地电阻测量仪，调整调零旋钮，使指针指向中心线。

（3）调整倍率开关至中间位置，摇动手柄转速达 120r/min，当表头指针向某一方向偏转时，旋动量程选择旋钮，使指针重新指向“0”点。

（4）如量程选择旋钮调至最小刻度指针仍偏向中心线右侧，应把倍率标示盘调小一挡，重新进行测量。

（5）如测量刻度盘调至最大刻度指针仍偏向中心线左侧，应把倍率标示盘调大一挡，重新进行测量。

4. 接地电阻测试仪的读数

以 120r/min 的转速持续摇动手柄，当指针停留在中心线上保持稳定即可读数。

测量值＝刻度指示值×量程

5. 接地电阻测试仪使用考核

根据本小节学习内容进行接地电阻测试仪使用考核训练；考核准备及教学流程，如表 2-7 所示。

表 2-7　考核准备及教学流程

序号	考核准备及教学流程
1	准备本次考核所需要的器材、工具、电工仪表等
2	检查学生出勤情况，检查工作服、帽、鞋等是否符合安全操作要求
3	集中讲课，现场示范，讲述考核情况，布置本次实操考核作业
4	学生分组考核练习，教师巡回指导
5	教师逐一对学生进行考核评分
6	回顾考核情况，集中点评

1）考核地点及考核器材

在“低压电工科目一《安全用具使用》”模拟考室进行考核；考核所需器材、工具、仪表等见“附录 D　实操考试卡及考核室设备零件配置——科目一”。

2）考核评分

接地电阻测试仪使用考核评分表如表 2-8 所示。

表 2-8 接地电阻测试仪使用考核评分表

科目一：安全用具使用(时间：15 分钟，配分 20 分)

K11 电工仪表安全使用：□K11-1 □K11-2 □K11-3 ☑K11-4 接地电阻测试仪

序号	考评项目	考 评 内 容	配分	扣 分 原 因	得分
1	电工仪表安全使用	电工仪表的认识	4	口述接地电阻测试仪的作用，不正确或不全每项扣 1 分	
		仪表检查	4	1. 外观检查：未检查□ 扣 2 分 不完整□ 扣 1 分 2. 未检查合格证□ 扣 2 分	
		正确使用仪表	10	1. 无使用前检查□ 扣 2 分 2. 无使用前校准□ 扣 2 分 3. 选用挡位不准确□ 扣 2 分 4. 操作不正确□ 扣 10 分	
		对测量结果进行判断	2	不会读数或读数不准确扣 2 分	
		否定项	1. 对给定的测量任务，无法正确选择合适的仪表□ 2. 对给定的测量任务不会测量□ 3. 违反安全操作规范导致自身或仪表处于不安全状态□		
		合 计	20	无法正确选择合适的仪表或违反安全操作规范导致自身或仪表处于不安全的状态，本项目为 0 分并终止本项目考试	

2.2 绝缘安全用具使用

绝缘安全用具包括绝缘棒、绝缘夹钳、绝缘手套、绝缘靴、绝缘台和绝缘垫等。绝缘安全用具分为基本安全用具和辅助安全用具。前者的绝缘强度能长时间承受电气设备的工作电压，能直接用来操作电气设备；后者的绝缘强度不足以承受电气设备的工作电压，只能起加强基本安全用具的作用。

2.2.1 绝缘棒

1. 概述

绝缘棒是基本安全用具之一，一般用浸过漆的木材、硬塑料、胶木、环氧玻璃布棒或环氧玻璃布管制成，在结构上可分为工作部分、绝缘部分和握手部分，如图 2-11 所示。

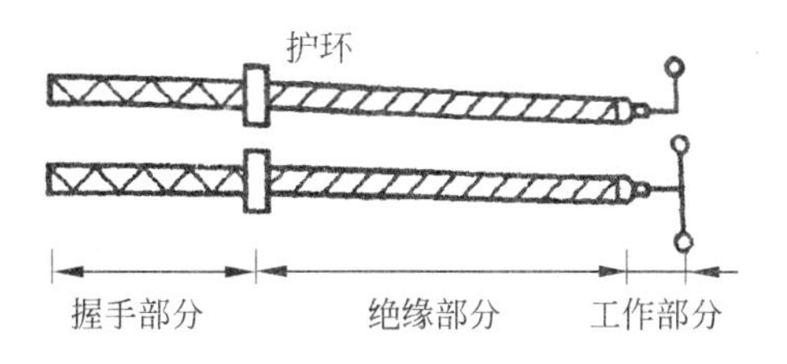

图 2-11　绝缘棒

绝缘棒用于操作高压跌落式熔断器、单极隔离开关、户外真空断路器、户外六氟化硫断路器及装卸临时接地线等，不同工作电压的线路上用的绝缘棒可按表 2-9 所示选用。

表 2-9　绝缘棒的选用

电压/kV	绝缘部分	握手部分	全长(不包括钩子)
≤10	320	110	680
≥35	510	120	1060

2. 使用注意事项及保养要点

(1) 绝缘棒必须具备合格的绝缘性能和机械强度，即应使用合格的绝缘工具。

(2) 操作前，绝缘棒表面应用清洁的干布擦净，使棒表面干燥、清洁。

(3) 操作时应戴绝缘手套、穿绝缘靴或站在绝缘垫上。

(4) 操作者手握部分不得越过护环。

(5) 在雨、雪或潮湿的天气，室外使用绝缘棒时，棒上应装有防雨的伞形罩，没有伞形罩的绝缘棒不宜在上述天气中使用。

(6) 绝缘棒必须放在通风干燥的地方，并宜悬挂或垂直插放在特制的木架上。

(7) 应按规定对绝缘棒定期进行绝缘试验。

2.2.2　绝缘夹钳

1. 概述

绝缘夹钳是在带电的情况下，用来安装或拆卸熔断器或执行其他类似工作的工具。在 35kV 及以下的电力系统中，绝缘夹钳列为基本安全用具之一。

绝缘夹钳与绝缘棒一样也是用浸过漆的木材、胶木或玻璃钢制成。它的结构包括工作部分、绝缘部分与握手部分，如图 2-12 所示。

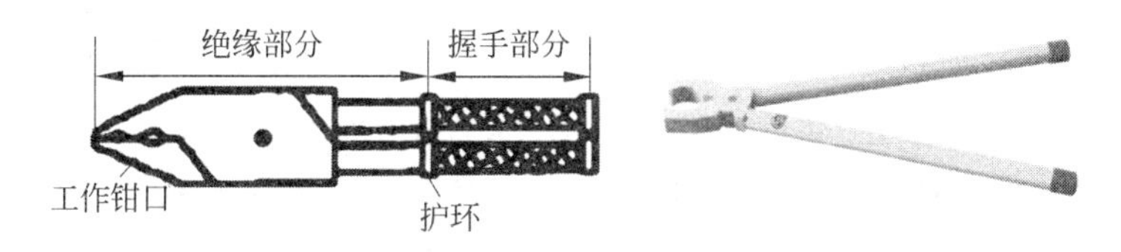

图 2-12　绝缘夹钳

2. 使用注意事项及保养要点

(1) 绝缘夹钳必须具备合格的绝缘性能。

(2) 操作时,绝缘夹钳应清洁、干燥。

(3) 应戴绝缘手套、穿绝缘靴或站在绝缘垫上,戴护目眼镜,必须在切断负载的情况下进行操作。

(4) 绝缘夹钳应按规定定期进行绝缘试验。电阻低于 10～20MΩ 时,必须干燥恢复绝缘。

2.2.3 绝缘手套和绝缘靴

绝缘手套和绝缘靴用绝缘性能良好的橡胶制成,如图 2-13 和图 2-14 所示。两者都作为辅助安全用具,绝缘手套可作为低压(1kV 以下)工作的基本安全用具,绝缘靴可作为防护跨步电压的基本安全用具。绝缘手套的长度至少应超过手腕 10cm。

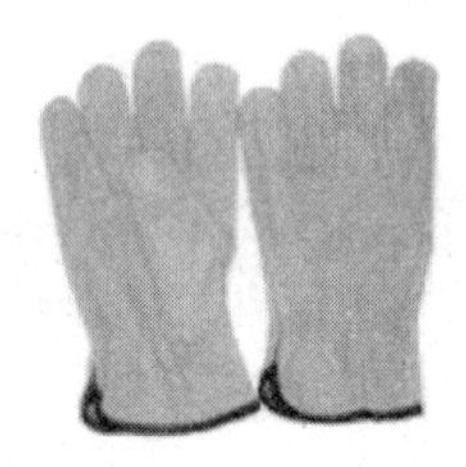

图 2-13 高压绝缘手套和低压绝缘手套

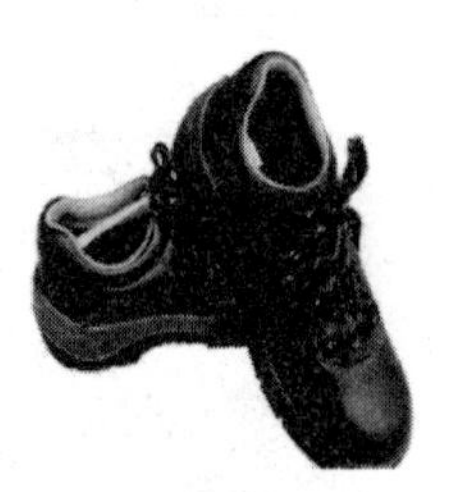

图 2-14 高压绝缘靴和低压绝缘鞋

1. 绝缘手套使用注意事项及保养要点

(1) 用户购进手套后,如发现在运输、储存过程中遭雨淋、受潮湿发生霉变,或有其他异常变化,应到法定检测机构进行电性能复核试验。

(2) 在使用前必须进行充气检验,发现有任何破损则不能使用。

(3) 作业时,应将衣袖口套入筒口内,以防发生意外。

(4) 使用后,应将绝缘手套内外污物擦洗干净,待干燥后,撒上滑石粉放置平整,以防受压受损,且勿放于地上。

(5) 应储存在干燥通风、室温为－15～＋30℃、相对湿度为 50％～80％的库房中,远离热源,离开地面和墙壁 20cm 以上。避免受酸、碱、油等腐蚀品的影响,不要露天放置,避免阳光直射,勿放于地上。

(6) 使用 6 个月必须进行预防性试验。

2. 绝缘靴使用注意事项

(1) 应根据作业场所电压高低正确选用绝缘鞋,低压绝缘鞋禁止在高压电气设备上作为安全辅助用具使用,高压绝缘靴可以作为高压和低压电气设备上辅助安全用具使用。但不论是穿低压或高压绝缘靴,均不得直接用手接触电气设备。

(2) 布面绝缘鞋只能在干燥环境下使用,避免布面潮湿。

(3) 绝缘靴不可有破损。

(4) 穿绝缘靴时,应将裤管套入靴筒内,裤管不宜长及鞋底外沿条高度,更不能长及地面,应保持裤管布帮干燥。

(5) 非耐酸碱油的橡胶底,不可与酸碱油类物质接触,并应防止尖锐物刺伤。低压绝缘鞋若鞋底花纹磨光,露出内部颜色时则不能作为绝缘鞋使用。

(6) 在购买绝缘靴时,应查验鞋上是否有绝缘永久标记,如红色闪电符号,鞋底是否有耐电压伏数等标记;鞋内有无合格证、安全鉴定证、生产许可证编号等。

2.2.4 绝缘台和绝缘垫

1. 概述

绝缘台和绝缘垫只作为辅助安全用具,如图 2-15 所示。一般铺在配电室的地面上,以便在带电操作断路器或隔离开关时增强操作人员对地绝缘,防止接触电压和跨步电压对人体的伤害。绝缘台和绝缘垫广泛应用于变电站、发电厂、配电房、试验室以及野外带电作业等使用。

图 2-15 绝缘台和绝缘垫

绝缘垫由具有一定厚度、表面有防滑条纹的橡胶制成,其最小尺寸不宜小于 0.8m×0.8m。绝缘台用木板或木条制成,相邻板条之间的距离不得大于 2.5cm,台上不得有金属零件;台面板用绝缘子支持与地面绝缘,台面板边缘不得伸出绝缘之外。绝缘台最小尺寸不宜小于 0.8m×0.8m,但为了便于移动和检查,最大尺寸也不宜大于 1.5m×1.5m。

2. 绝缘台、绝缘垫使用注意事项及保养要点

(1) 工作时站在绝缘垫上(该绝缘垫为常设固定型绝缘垫),不得同时接触两极或一极与接地部分,也不能两人同时进行工作。

(2) 高压试验工作人员在全部加压过程中,应精力集中,不得与他人闲谈,随时警戒异常现象的发生,操作人应站在绝缘垫上。

(3) 绝缘台和绝缘垫应储存在干燥通风的环境中,远离热源,离开地面和墙壁 20cm 以上。避免受酸、碱和油的污染,不要露天放置,避免阳光直射。

2.2.5 验电器

验电器按电压分为高压验电器和低压验电器两种,用来检验设备、线路是否带电。

1. 高压验电器

高压验电器如图 2-16 所示。旧式高压验电器都靠氖泡发光指示有电，新式高压验电器有声光、发光报警指示。还有一种风车式高压验电器，在有电时因电晕放电会驱使验电器的金属叶片旋转而显示带电。

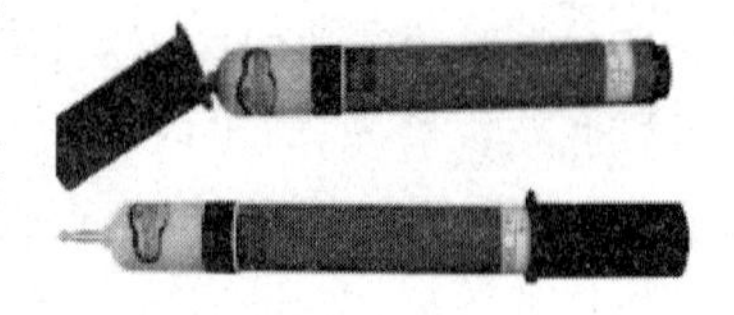

图 2-16　高压验电器

2. 高压验电器使用注意事项及保养要点

（1）使用前应将验电器在确认有电设备进行检验，检验时应渐渐移近带电设备至发光或发声为止，以验证验电器性能良好，然后再在需要进行验电的设备上进行检测。

（2）使用时应特别注意手握部分不得超过护环，如图 2-17 所示。

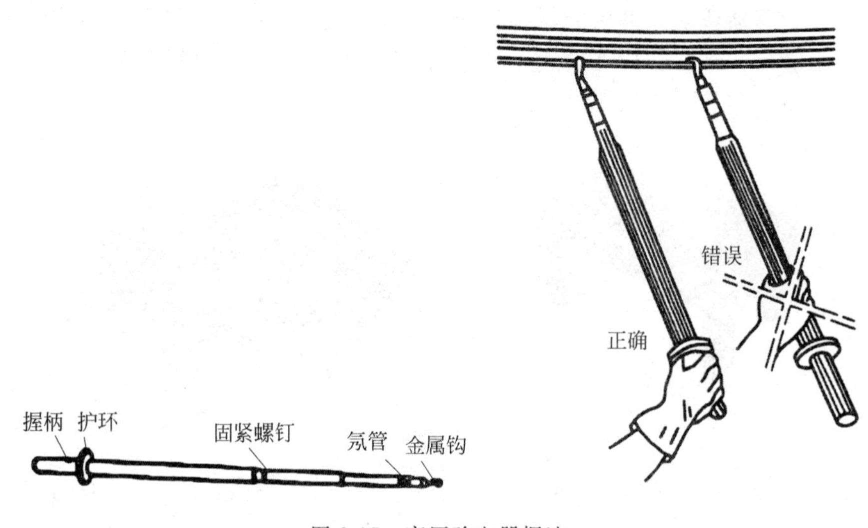

图 2-17　高压验电器握法

（3）使用时，应将验电器逐渐靠近被测物体，直到氖管亮，即说明有电；只有氖管不亮时，才可与被测物体直接接触。

（4）用高压验电器验电时，必须戴符合耐压要求的绝缘手套；测试时身旁应有人监护；测试时要防止发生相间或对地短路事故；人体与带电体应保持足够的安全距离（10kV 高压为 0.7m 以上）。

（5）室外使用高压验电器，必须在天气条件良好的情况下进行，在雨、雪、雾及湿度较大的情况下不宜使用。

3. 使用高压验电器的操作过程

（1）申请监护人。

（2）检查安全用具：由上至下检查安全帽、绝缘手套、绝缘靴和高压验电器是否完好，检查合格证是否过期，电压等级是否匹配，无误后进行正确穿戴；按下验电器试验按钮自检，在确定有电处（相应电压）试测，证明验电器确实良好方可使用。

（3）操作：验电时需将验电器前端逐渐靠近被测物，只有氖管一直不亮时，才可直接接触被测物体，注意观察氖管是否发光，验电时要分别验进、出线侧并且由近至远逐相进行验电。氖管发光或发声器发声响为有电,否则为无电。

4. 低压验电器

低压验电器俗称试电笔,通常有钢笔式和螺丝刀式两种,其结构如图 2-18 所示。它是用来检测低压线路和电气设备是否带电的低压测试器,检测的电压范围为 60～500V。它由壳体、探头、电阻、氖管、弹簧等组成。检测时,氖管亮(新式低压验电器有的用液晶屏显示)表示被测物体带电。

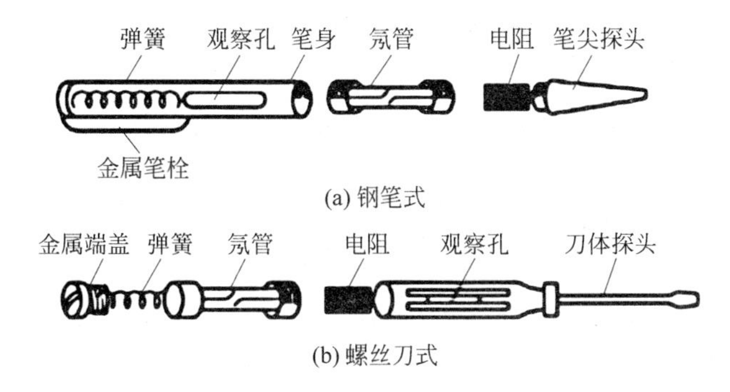

(a) 钢笔式

(b) 螺丝刀式

图 2-18 低压验电器

用试电笔测电时应让笔尾部的金属与手相接触,而且不得接触笔前端金属部分,防止触电;用笔尖接触或轻划需测量点,逐相验电,如果笔内氖管发光则表示有电,如图 2-19 所示。

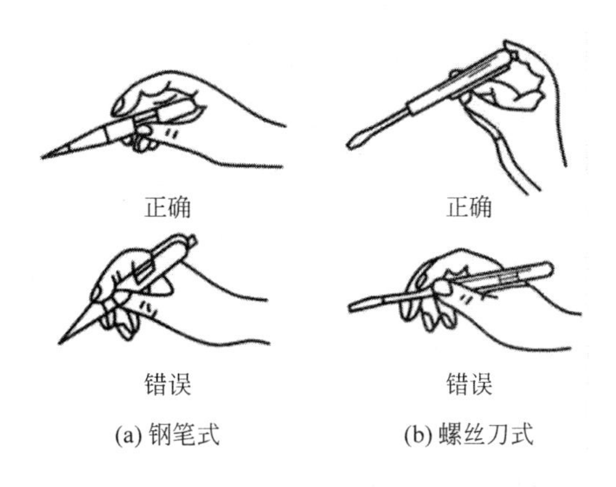

(a) 钢笔式 (b) 螺丝刀式

图 2-19 低压验电器握法

5. 验电器使用注意事项及保养要点

(1) 使用前根据被验电设备的额定电压选用合适电压等级的合格验电器。

(2) 验电时,工作人员手握低压验电器护环以下的握柄部分,并根据《电业安全工作规程》的规定,先在有电设施上进行检验,验证验电器确实性能完好方能使用;雨天浓雾天不得使用。

(3) 定期试验。为了保障人身和设备的安全,根据《电业安全工作规程》规定,验电器应定期做绝缘耐压试验、启动试验,潮湿的地方三个月,干燥的地方半年,如有异常,应停止使用。

(4) 要采取防止相间短路、单相接地的隔离措施。

2.2.6 安全用具使用考核

根据本小节学习内容进行安全用具使用考核训练；考核准备及教学流程如表 2-10 所示。

表 2-10 考核准备及教学流程

序号	考核准备及教学流程
1	准备本次考核所需要的器材、工具、电工仪表等
2	检查学生出勤情况；检查工作服、帽、鞋等是否符合安全操作要求
3	集中讲课，现场示范，讲述考核情况，布置本次实操考核作业
4	学生分组考核练习，教师巡回指导
5	教师逐一对学生进行考核评分
6	回顾考核情况，集中点评

1) 考核地点及考核器材

在“低压电工科目一《安全用具使用》”模拟考室进行考核；考核所需器材、工具、仪表等见“附录 D 实操考试卡及考核室设备零件配置——科目一”。

2) 考核评分

绝缘安全用具使用考核评分表如表 2-11 所示。

表 2-11 绝缘安全用具使用考核评分表

科目一：安全用具使用(时间：15 分钟，配分 20 分)

K11 电工安全用具使用：☑K11-5 绝缘安全用具 □K11-6 □K11-7

<table>
<tr><th>序号</th><th>考评项目</th><th colspan="2">考 评 内 容</th><th>配分</th><th>扣 分 原 因</th><th>得分</th></tr>
<tr><td rowspan="7">2</td><td rowspan="7">电工安全用具使用</td><td colspan="2" rowspan="2">安全用具的认识</td><td>3</td><td>口述三种安全用具的作用及使用场所 每种扣 1 分</td><td rowspan="7"></td></tr>
<tr><td>3</td><td>口述其保养要点 每种扣 1 分</td></tr>
<tr><td rowspan="3">结合任务正确使用个人防护用品</td><td>用具选用</td><td>3</td><td>未按要求选用安全用具 错漏每种扣 1 分</td></tr>
<tr><td>使用前检查</td><td>3</td><td>1. 检查不完整□ 每种扣 1 分
2. 不会或未检查□ 扣 3 分</td></tr>
<tr><td>正确使用</td><td>8</td><td>1. 未正确佩戴防护用具□ 每种扣 2 分
2. 使用时不规范或不熟练□ 每种扣 2 分
3. 违反安全操作规范或未穿戴防护用具进行操作□ 扣 8 分</td></tr>
<tr><td colspan="2">合 计</td><td>20</td><td>违反安全穿着、违反安全操作规范，本项目为 0 分并终止本项目考试</td></tr>
</table>

2.3 防护用具

2.3.1 携带型接地线

1. 概述

携带型接地线是临时接地线。当高压设备停电检修或进行其他工作时，为了防止停电设备突然来电和邻近高压带电设备对停电设备所产生的感应电压对人体的危害，需要用携带型接地线将停电设备已停电的三相电源短路并接地，同时将设备上的残余电荷对地放掉。实践证明，接地线对人身安全十分重要。现场工作人员常称携带型接地线为“保命线”。

携带型接地线主要由多股软铜导线和接地夹组成，三根短导线用于连接三相导体，如图 2-20 所示。一根长的软导线用于连接接地体。临时接地线的接线夹必须坚固有力，软铜导线的截面积不应少于 16mm²，各部分连接必须牢固。

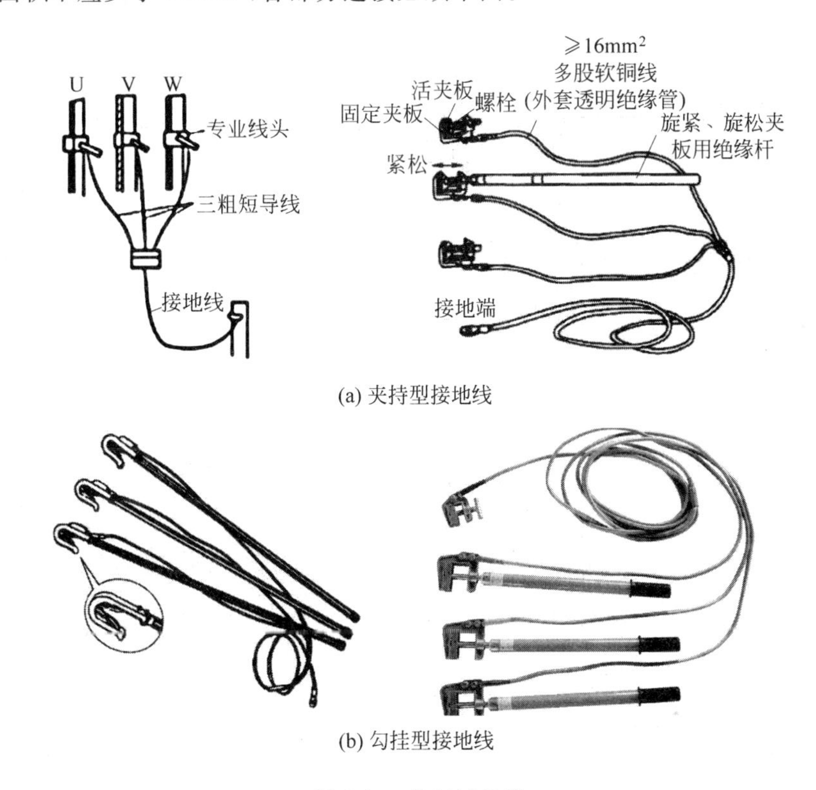

(a) 夹持型接地线

(b) 勾挂型接地线

图 2-20 临时接地线

2. 携带型接地线使用注意事项及保养要点

(1) 装设接地线时需按照由近至远、从下到上的顺序进行装设。装设临时接地线，应先接接地端，后接线路或设备端；拆除时顺序相反。正常情况下，应先验明线路或设备确实无电时才可装设临时接地线。

(2) 核实接地线的电压等级与操作设备的电压等级是否一致。

(3) 使用前,检查导线夹、接地夹是否完好;检查接地线的绝缘性能;检查接地软铜线的透明绝缘护层是否完好,确保作业人员操作中的安全。

(4) 携带型接地线要存放在专门设置的干燥、通风、有防潮装置的安全工器具室,对号入座式存放,便于对接地线状况进行检查,防止拿不合要求的接地线去用,或者工作结束后漏拆接地线。

(5) 接地线必须使用专用线夹固定在导线上,严禁用缠绕的方法进行接地或短路。

(6) 在工作段两端,或有可能来电的支线上都须挂接地线。

(7) 接地线在拆除后,不得从空中丢下或随地乱摔,要用绳索传递。

3. 携带型接地线的操作过程

(1) 申请监护人。

(2) 检查安全用具:由上至下,检查安全帽、高压绝缘手套、绝缘靴是否完好,检查合格证是否过期,电压等级是否匹配,检查无误后进行正确穿戴;工作之前必须检查接地线,软铜线是否断头,螺丝连接处有无松动,线钩的弹力是否正常,不符合要求应及时调换或修好后再使用。

(3) 操作:先对待工作点进行验电,在明确线路无电的情况下才可进行接地线的装设。装设接地线必须先接接地端,后接导体端,且必须接触良好;拆接地线的顺序与此相反。

2.3.2 防护用具使用考核

根据本小节学习内容进行防护用具使用考核训练;考核准备及教学流程如表 2-12 所示。

表 2-12 考核准备及教学流程

序号	考核准备及教学流程
1	准备本次考核所需要的器材、工具、电工仪表等
2	检查学生出勤情况;检查工作服、帽、鞋等是否符合安全操作要求
3	集中讲课,现场示范,讲述考核情况,布置本次实操考核作业
4	学生分组考核练习,教师巡回指导
5	教师逐一对学生进行考核评分
6	回顾考核情况,集中点评

1) 考核地点及考核器材

在“低压电工科目一《安全用具使用》”模拟考室进行考核;考核所需器材、工具、仪表等见“附录 D 实操考试卡及考核室设备零件配置——科目一”。

2) 考核评分

防护用具使用考核评分表如表 2-13 所示。

表 2-13　防护用具使用考核评分表

科目一：安全用具使用(时间：15 分钟，配分 20 分)

K11 电工安全用具使用：□K11-5　☑K11-6 防护用具　□K11-7

<table>
<tr><th>序号</th><th>考评项目</th><th colspan="2">考评内容</th><th>配分</th><th>扣 分 原 因</th><th>得分</th></tr>
<tr><td rowspan="7">2</td><td rowspan="7">电工安全用具使用</td><td colspan="2" rowspan="2">安全用具的认识</td><td>3</td><td>口述安全防护用具的作用及使用场所　每种扣 1 分</td><td rowspan="7"></td></tr>
<tr><td>3</td><td>口述其保养要点　每种扣 1 分</td></tr>
<tr><td rowspan="3">结合任务正确使用个人防护用品</td><td>用具选用</td><td>3</td><td>未按要求选用安全用具　错漏每种扣 1 分</td></tr>
<tr><td>使用前检查</td><td>3</td><td>1. 检查不完整□　每种扣 1 分
2. 不会或未检查□　扣 3 分</td></tr>
<tr><td>正确使用</td><td>8</td><td>1. 未正确佩戴防护用具□　每种扣 2 分
2. 使用时不规范或不熟练□　每种扣 2 分
3. 违反安全操作规范或未穿戴防护用具进行操作□　扣 8 分</td></tr>
<tr><td colspan="2">合　计</td><td>20</td><td>违反安全穿着、违反安全操作规范，本项目为 0 分并终止本项目考试</td></tr>
</table>

2.4　登高用具及更换熔断器

登高用具是指电工在登高作业时所需的工具和装备。电工在登高作业时，要特别注意人身安全。而登高用具必须牢固可靠，方能保障登高作业的安全。未经现场训练过的或患有精神病、严重高血压、心脏病和癫痫病者，均不准使用登高用具登高。

2.4.1　梯子

常用的竹梯、人字梯如图 2-21 所示。

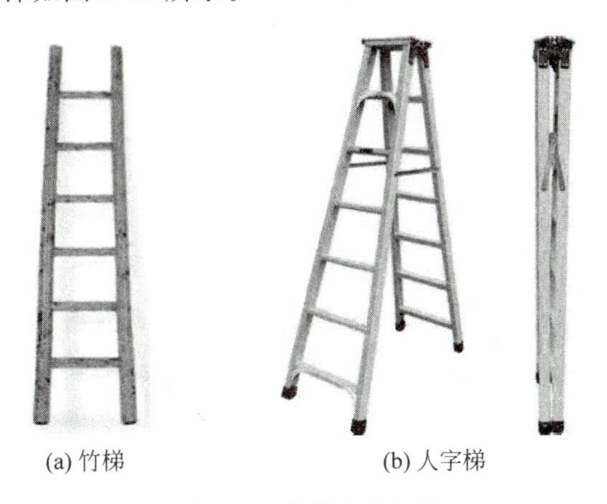

(a) 竹梯　(b) 人字梯

图 2-21　竹梯和人字梯

1. 安全注意事项

竹梯与地面角度以65°～70°为宜,没有搭钩的梯子应有人扶梯。

2. 高空作业的有关安全规定

一般将离地高度超过2m以上的作业称为高空作业。高空作业的安全要求是扎好安全带,安全带吊绳须挂在安全牢固物体上,戴好安全帽,高处传递物件时不得抛掷,要用绳子吊传。

注意:安全带、安全绳、竹(木)梯等外表检查每月一次,安全带、安全绳试验静拉力每半年一次,竹(木)梯试验负荷每半年一次。

3. 梯子使用

竹梯上的作业姿势如图2-22所示。

图2-22 竹梯作业姿势

4. 操作过程

(1) 检查安全用具:检查安全帽、安全带是否完好,合格证是否过期;检查无误后进行正确穿戴。

(2) 检查登高用梯:无搭钩的梯子应有专人扶梯,检查梯子是否有防滑措施,检查梯子摆放角度(65°～70°为宜),检查梯子是否牢固可靠,是否能负重。

(3) 登梯作业:侧身上梯,到达作业高度后勾脚站立,并将安全绳挂扣在牢固可靠的上方。

2.4.2 登高板

登高板又称踏板,如图2-23所示,用来攀登电杆。登高板由脚板、线索、铁钩组成。脚板由坚硬的木板制成。线索为16mm多股白棕绳或尼龙绳,绳两端系结在踏板两头的扎结槽内。踏板和绳均应能承受2206N的拉力试验。

1. 使用登高板登杆时的注意事项

(1) 申请监护人。

(2) 踏板使用前,要检查踏板有无裂纹或腐朽,绳索有无断股。

图 2-23　登高板

(3) 踏板挂钩时必须正勾，钩口向外、向上，切勿反勾，以免造成脱钩事故。

(4) 登杆前，应先将踏板勾挂于踏板离地面 15～20cm 处，用人体做冲击载荷试验，检查踏板有无下滑、是否可靠。

(5) 为了保证在杆上作业时人体平稳，不使踏板摇晃，站立时两脚前掌内侧应夹紧电杆，其姿势如图 2-24 所示。

图 2-24　登高板作业姿势

2. 使用登高板登杆的操作过程

(1) 检查安全用具：检查安全帽、安全带是否完好，合格证是否过期；检查无误后进行正确穿戴。

(2) 检查电杆：检查电杆是否有裂纹，是否牢固可靠。

(3) 检查登高板：检查踏板有无裂纹或腐朽，绳索有无断股，登杆前应将踏板勾挂于离地 15～20cm 处，用人体做冲击负荷试验。

(4) 登杆：两个登高板互相配合，悬挂时需做到钩口朝外向上(绳压钩)，到达作业高度时须悬挂安全带，并使用双脚前掌夹紧电杆。

2.4.3　脚扣

脚扣也是攀登电杆的工具，它分为木杆脚扣和水泥杆脚扣两种。木杆脚扣的扣环上有突出的铁齿，其外形如图 2-25 所示。水泥杆脚扣的扣环上装有橡胶套或橡胶垫起防滑作用。脚扣大小有不同规格，以适应电杆粗细不同的需要。用脚扣在杆上作业易疲劳，故只宜在杆上短时间作业使用。

图 2-25 脚扣

1. 使用脚扣登杆时的注意事项

(1) 使用前必须仔细检查脚扣部分有无裂纹、腐朽现象,脚扣皮带是否牢固可靠;脚扣皮带若损坏,不得用绳子或电线代替。

(2) 要按电杆粗细选择大小合适的脚扣;水泥杆脚扣可用于木杆,但木杆脚扣不能用于水泥杆。

(3) 登杆前,应对脚扣进行人体载荷冲击试验。

(4) 上、下杆的每一步,必须使脚扣环完全套入并可靠地扣住电杆,才能移动身体,否则会造成事故。

2. 脚扣登杆及下杆训练

脚扣登杆的步骤如图 2-26 所示。操作时,须注意两手和两脚的协调配合,当左脚向上跨扣时,左手应同时向上扶住电杆;当右脚向上跨脚扣时,右手应同时向上扶住电杆。图 2-26(a)~(c)所示为上杆姿势,图 2-26(d)所示为绑好安全带后的站立图。

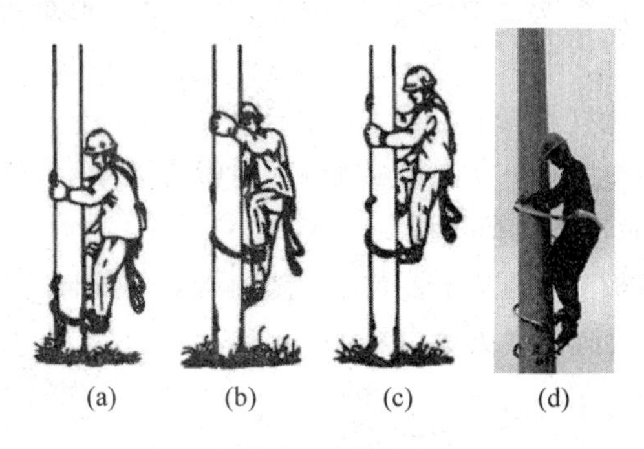

图 2-26 脚扣登杆

3. 脚扣登杆的操作过程

(1) 申请监护人。

(2) 检查安全用具:检查安全帽、安全带是否完好,合格证是否过期;检查无误后进行正确穿戴。

(3) 检查电杆：检查电杆是否有裂纹、腐朽，是否牢固可靠。

(4) 检查脚扣：根据电杆粗细及材质选择合适的脚扣，检查脚扣各部位有无裂纹、腐朽，脚扣皮带是否牢固可靠；登杆前用人体进行冲击负荷试验。

(5) 登杆：登杆时需手脚同时协调配合，上、下杆的每一步，须注意调整脚扣大小，使脚扣完全套入并可靠地扣住电杆才可移动，到达作业高度后悬挂安全带，两脚扣交叉轧紧，保持身体后倾。

2.4.4 安全带

安全带是登杆作业时必备的保护用具，如图 2-27 所示，无论用登高板或脚扣都要用安全带配合使用。安全带用皮革、帆布或化纤材料制成。

安全带由腰带、腰绳和保险绳组成。腰带用来系挂腰绳、保险绳和吊物绳；腰绳用来固定人体腰部，以扩大上身活动的幅度，使用时应系在电杆横担或抱箍下方，以防止腰绳窜出杆顶而造成工伤事故；保险绳用来防止万一失足人体下落时不致坠地摔伤，一端要可靠地系结在腰带上，另一端用保险钩勾在横担、抱箍或其他固定物上，要高挂低用，如图 2-28 所示。另外，安全带使用前必须仔细检查，长短要调节适中，作业时保险扣一定要扣好。

图 2-27 安全带

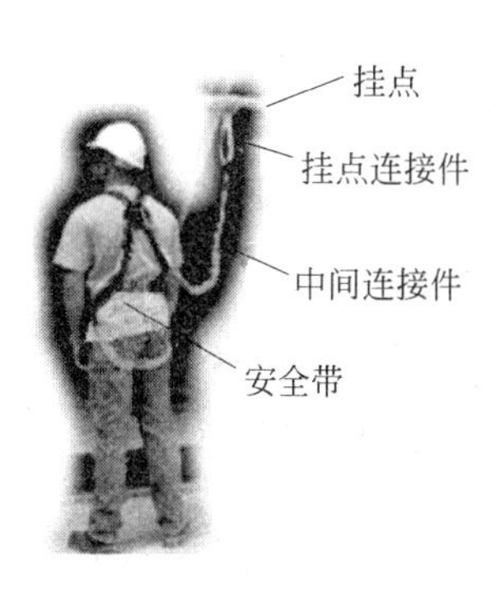

图 2-28 安全带使用

2.4.5 带电更换熔断器的操作

1. 熔断器概述

熔断器是根据电流超过规定值一段时间后，以其自身产生的热量使熔体熔化，从而使电路断开的一种电流保护器。熔断器广泛应用于高低压配电系统和控制系统以及用电设备中，作为短路和过电流的保护器，是应用最普遍的保护器件之一。常用熔断器有：RC1 插入式熔断器，如图 2-29 所示；RM(无填料)管式熔断器，如图 2-30 所示；RL1 螺旋式熔断器，如图 2-31 所示；RT0 有填料管式熔断器，如图 2-32 所示。

2. 常用的熔断器特点

(1) RC1：瓷插入式熔断器，用铅锡合金做熔断丝，怕振动；常用于室外照明电路。

(2) RM：(无填料)管式熔断器，用锌片作熔断丝，可切断较大电流；常用于总开关。

(3) RL1：螺旋式熔断器，用铜丝作熔断丝，用灭弧沙灭弧，不怕振动；常用于机床控制电路。

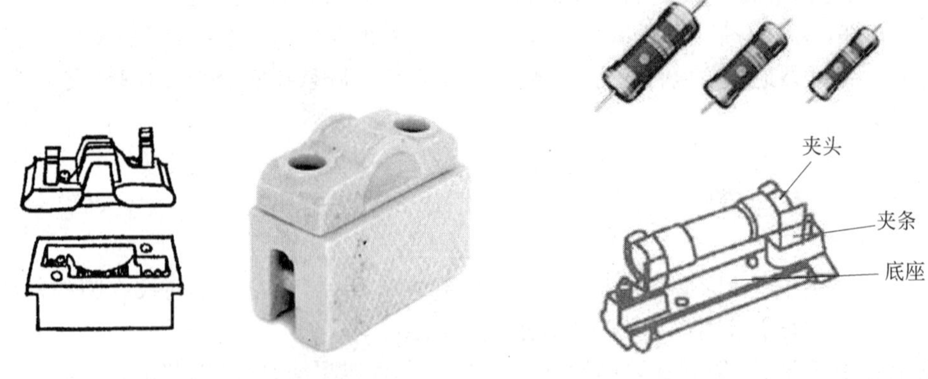

图 2-29 RC1 插入式熔断器　　图 2-30 RM(无填料)管式熔断器

(a) 瓷帽　(b) 熔芯　(c) 底座

图 2-31 RL1 螺旋式熔断器

图 2-32 RT0 有填料管式熔断器

(4) RT0：有填料管式熔断器，用铜网作熔断丝，用灭弧沙灭弧，可快速切断大电流(短路电流)；常用于总开关。

3. 操作过程

(1) 申请监护人。

(2) 检查安全用具：由上至下，检查安全帽、护目镜、绝缘手套、绝缘鞋(或绝缘靴)、绝缘夹钳是否完好，检查合格证是否过期，电压等级是否匹配，检查无误后进行正确穿戴。

(3) 操作：先切断负荷开关(将三相闸刀开关断开)，并挂上“禁止合闸，有人工作”标示牌，更换熔断器三相都要拉出检查，先拉中间，后拉两边，先断上端，再断下端，合上顺序相反。

4. 注意事项

(1) 安装熔断器时，熔断器指示红点向上，若其弹出则表示熔体熔断。

(2) 带电更换熔断器，需将负荷开关断开，不可带负载操作，否则易发生电弧短路。

(3) 更换熔断器时，需注意中间与两边的操作顺序，主要为了防止发生相间电弧发生的概率。

2.4.6　带电更换跌落式熔断器的操作

1. 跌落式熔断器概述

跌落式熔断器是10kV配电线路分支线和配电变压器最常用的一种短路保护开关，具有经济、操作方便、适应户外环境性强等特点，广泛应用于10kV配电线路和配电变压器，如图2-33所示。

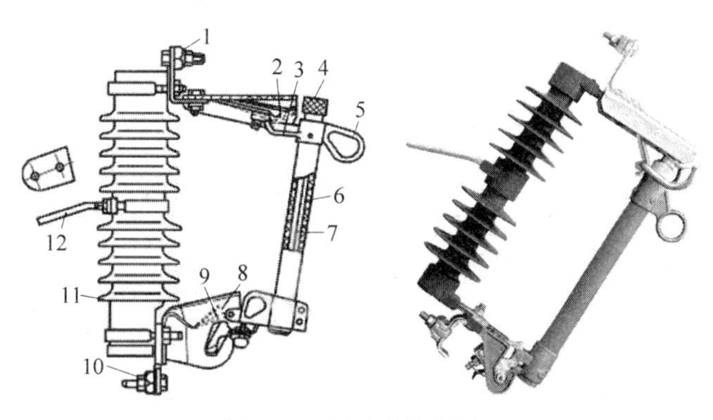

图2-33　跌落式熔断器

1—接线端子；2—上静触头；3—上动触头；4—管帽(带薄膜)；5—操作环；6—熔管；7—铜熔丝；8—下动触头；9—下静触头；10—下接线端子；11—绝缘子；12—固定安装板

2. 绝缘拉杆

绝缘拉杆又称绝缘棒，用于闭合或拉开高压隔离开关，装拆携带式接地线，以及进行测量和试验时使用。更换跌落式熔断器常用绝缘拉杆进行操作，如图2-34所示。

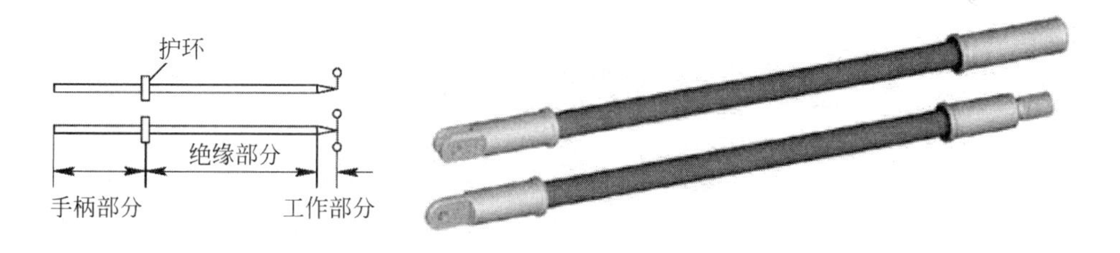

图2-34　绝缘拉杆

3. 更换跌落式熔断器的操作过程

(1) 申请监护人。

(2) 检查安全用具：由上至下，检查安全帽、高压绝缘手套、绝缘靴、绝缘拉杆是否完好，检查合格证是否过期，电压等级是否匹配，检查无误后进行正确穿戴。

(3) 操作：先把低压侧负荷全部退出，拉开低压侧总开关，悬挂“禁止合闸，有人工作”标识牌。更换跌落式熔断器时，操作顺序需结合现场情况进行处理，先拉中间，再拉背风相，最后拉迎风相，合上顺序相反。

(4) 恢复线路供电。

4. 注意事项

(1) 不允许跌落式熔断器带负荷操作(额定容量≥250kV·A时)。

(2) 大雨或雷电交加的天气时不应进行操作。

(3) 熔管应有向下15°～30°的倾角,应牢固可靠,不可有任何晃动或摇晃的可能。

(4) 拉、合熔断器的过程用力是慢—快—慢,快是为了防止电弧造成电器短路和灼伤触头,慢是为了防止操作冲击力造成熔断器机械损伤。

2.4.7 登高用具使用考核

根据本小节学习内容进行登高用具使用考核训练;考核准备及教学流程如表2-14所示。

表2-14 考核准备及教学流程

序号	考核准备及教学流程
1	准备本次考核所需要的器材、工具、电工仪表等
2	检查学生出勤情况;检查工作服、帽、鞋等是否符合安全操作要求
3	集中讲课,现场示范,讲述考核情况,布置本次实操考核作业
4	学生分组考核练习,教师巡回指导
5	教师逐一对学生进行考核评分
6	回顾考核情况,集中点评

1) 考核地点及考核器材

在“低压电工科目一《安全用具使用》”模拟考室进行考核;考核所需器材、工具、仪表等见“附录D 实操考试卡及考核室设备零件配置——科目一”。

2) 考核评分

登高用具使用考核评分表,如表2-15所示。

表2-15 登高用具使用考核评分表

科目一:安全用具使用(时间:15分钟,配分20分)

K11电工安全用具使用:□K11-5 □K11-6 ☑K11-7登高用具

<table>
<tr><th>序号</th><th>考评项目</th><th colspan="2">考评内容</th><th>配分</th><th colspan="2">扣分原因</th><th>扣分</th><th>得分</th></tr>
<tr><td rowspan="6">2</td><td rowspan="6">电工安全用具使用</td><td colspan="2" rowspan="2">安全用具的认识</td><td>3</td><td>口述登高用具的作用及使用场所</td><td>每种扣1分</td><td></td><td></td></tr>
<tr><td>3</td><td>口述其保养要点</td><td>每种扣1分</td><td></td><td></td></tr>
<tr><td rowspan="3">结合任务正确使用个人防护用品</td><td>用具选用</td><td>3</td><td>未按要求选用安全用具</td><td>错漏每种扣1分</td><td></td><td></td></tr>
<tr><td>使用前检查</td><td>3</td><td>1. 检查不完整□
2. 不会或未检查□</td><td>每种扣1分
扣3分</td><td></td><td></td></tr>
<tr><td>正确使用</td><td>8</td><td>1. 未正确佩戴防护用具□
2. 使用时不规范或不熟练□
3. 违反安全操作规范或未穿戴防护用具进行操作□</td><td>每种扣2分
每种扣2分
扣8分</td><td></td><td></td></tr>
<tr><td colspan="2">合 计</td><td>20</td><td colspan="2">违反安全穿着、违反安全操作规范,本项目为0分并终止本项目考试</td><td></td><td></td></tr>
</table>

CHAPTER 3

第3章

安全操作技术

3.1 交流接触器、电流表和电流互感器、熔断器

3.1.1 交流接触器概述

交流接触器是通过电磁机构动作，频繁地接通和分断主电路的远距离操纵电器。其优点是动作迅速、操作方便和便于远距离控制，所以广泛应用于电动机、电热设备、小型发电机、电焊机和机床电路上。其缺点是噪声大、寿命短。由于它只能接通和分断负荷电流，不具备短路保护作用，故必须与熔断器、热继电器等保护电器配合使用。

交流接触器的主要部分是电磁系统、触头系统和灭弧装置，其结构和外形如图 3-1 和图 3-2 所示。

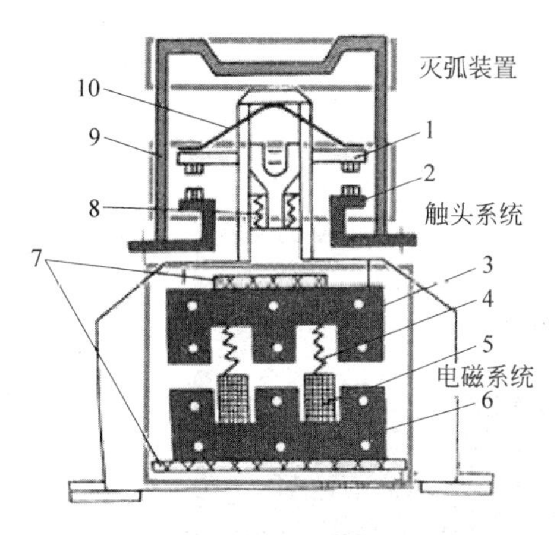

图 3-1 交流接触器结构(CJ10-20 型)

1—动触头；2—静触头；3—衔铁；4—弹簧；5—线圈；6—铁芯；7—垫毡；8—触头弹簧；9—灭弧罩；10—触头压力弹簧

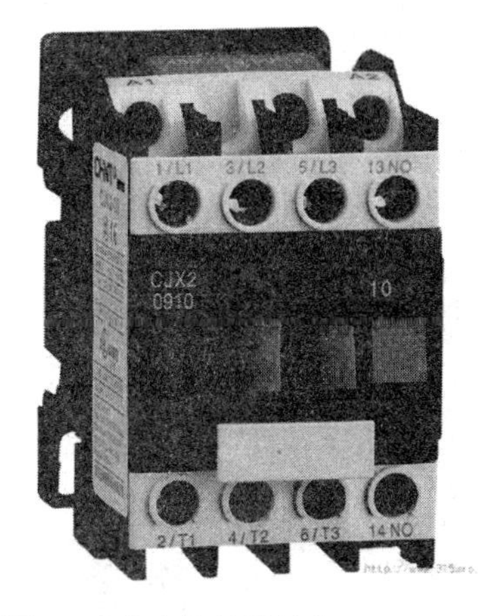

图 3-2 交流接触器结构(CJX2 型)

3.1.2 交流接触器的检查

(1) 交流接触器的外观检查。

(2) 灭弧罩与外壳：是否完整，有没有破裂。

(3) 触头系统：主触头是否平滑、有没有氧化层或凹凸不平，线圈通电后主触头触点接触压力是否足够；用一纸条放在静触头、动触头之间，将动触头压下，拉动纸条应有适当阻力，检查弹簧压力、辅助常开与常闭触点接触是否良好。

(4) 电磁系统：用万用表检查线圈有否断路和短路；动铁芯、静铁芯之间有无锈蚀、尘垢造成间隙过大，或者衔铁歪斜，使线圈通电后产生振动噪声和线圈发热，并会导致烧毁。上下两个E形铁芯的中柱铁芯间隙正常距离是0.1～0.2mm，线圈的电压有36V、110V、127V、220V、380V等，应与控制回路电压相符。

(5) 短路环：安装在静铁芯两端，短路环开路或脱落时，会产生振动噪声和线圈发热。

3.1.3 交流接触器的作用和选用

1. 交流接触器的作用

可以用低电压、小电流控制高电压、大电流。主要作远距离控制的操作开关。

2. 交流接触器的选用

主触头的额定电流大于1.3倍电动机的额定电流，线圈的额定电压必须符合控制线路供给的电压。

3.1.4 电流表

1. 电流表的作用

电流表用于显示被测物体的电流读数。

2. 电流表的外形

直流电流表如图3-3所示；交流电流表如图3-4所示。

图3-3 直流电流表

图3-4 交流电流表

3. 直流电流测量

测量直流电流时，电流表应与负载串联在直流电路中。接线时需要注意仪表的极性和量程。必须用电流表的正端钮接被测电路的高电位端，负端钮接被测电路的低电位端，在仪表允许的量程范围内测量。

4. 交流电流测量

用交流电流表测量交流电流时，同样应与负荷串联在电路中；与直流电流表不同，交流电流表不分极性。因交流电流表线圈的线径和游丝截面很小，不能测量较大电流，如需扩大量程，可加接电流互感器。

5. 使用注意事项

(1) 使用直流交流表测量电流时极性不能接反，否则会使电流表的指针反向偏转；交流电流表如果测量高压电路的电路时，电流表应串接在被测电路中的低电位端。

(2) 要根据被测电流的大小来选择适当的仪表，使被测电流处于电流表的量程之内；测量电流时，当不知被测电流的大致数值时，先使用较大量程的电流表测试，然后根据指针偏转的情况，最好使指针在量程的 2/3 附近的范围，读数较为准确，再转换适当量程的仪表。

3.1.5 电流互感器

在电工测量中用来按比例变换交流电流的仪器称为电流互感器。

常用电流互感器如图 3-5 和图 3-6 所示，与交流电流表相接如图 3-7 所示。三只电流互感器与三只电流表作星形(三相异步电动机)接线的测量原理图如图 3-8 所示。

图 3-5 环氧树脂浇注式电流互感器

图 3-6 塑壳式电流互感器

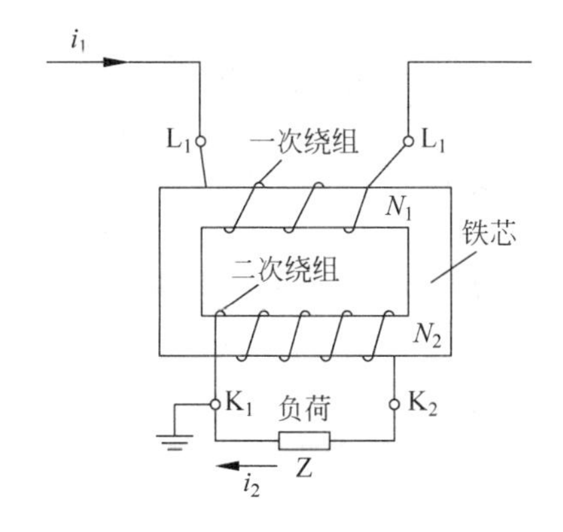

图 3-7 与交流电表相接的电路原理图

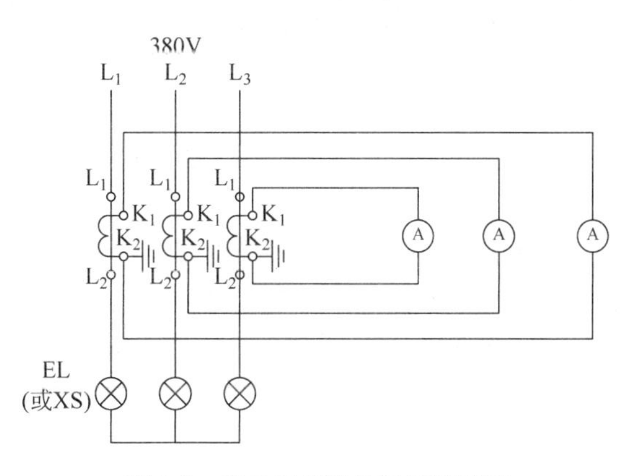

图 3-8 作星形接线的测量原理图

电流互感器的选用原则：电流互感器额定一次工作电流按运行电流120%～150%的范围内选择；额定一次工作电压应与运行电压相符。

3.1.6 电流互感器使用注意事项

(1) 电流互感器二次回路在任何情况下不得开路，并不应装设开关和熔断器保护。

(2) 电流互感器连接时，要注意其第一、二次线圈接线端子上的极性。

(3) 互感器的二次线圈一端和铁心都要接地。

(4) 接到电流互感器端子的母线，不应使电流互感器受到拉力。

(5) 电流互感器的二次线圈绝缘电阻低于10～120MΩ时，必须干燥恢复绝缘。

3.1.7 熔断器

熔断器在低压配电网络和电力拖动系统中主要用作短路保护。使用时串联在被保护的电路中，当电路发生短路故障，通过熔断器的电流达到或超过某一规定值时，以其自身产生的热量使熔体熔断，从而自动分断电路，起到保护作用，相关介绍见本书2.4节。

3.2 带熔断器(断路器)、仪表、电流互感器的电动机运行控制电路接线

3.2.1 三相异步电动机概述

三相异步电动机是感应电动机的一种，其结构如图3-9所示，是靠同时接入380V三相交流电流(相位差120°)供电的一类电动机。由于三相异步电动机的转子与定子旋转磁场以相同的方向、不同的转速旋转，存在转差率，所以称三相异步电动机。

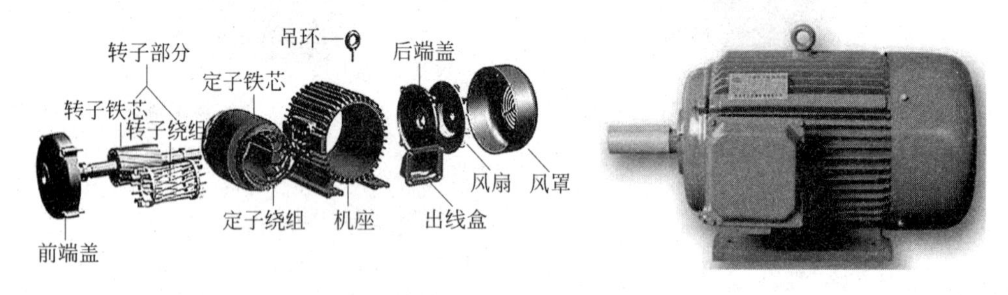

图3-9 三相异步电动机

三相异步电动机定子三相绕组是电路部分，在异步电动机的运行中起着很重要的作用，是把电能转换为机械能的关键部件。定子三相绕组的结构是对称的，一般有6个出线端U_1、U_2、V_1、V_2、W_1、W_2，置于机座外侧的接线盒内，根据需要接成星形(Y)或三角形(△)，如图3-10所示。

三相异步电动机的铭牌如图3-11所示，数据包括以下几项。

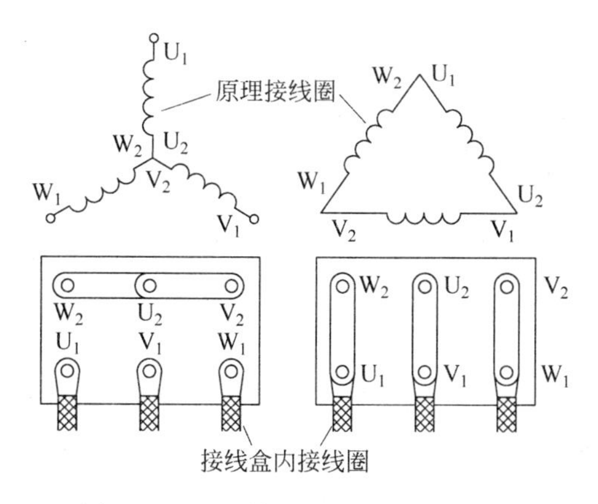

图 3-10 三相笼形异步电动机出线端

三相异步电动机					
型　号	Y132M-4	功　率	7.5kW	频　率	50Hz
电　压	380V	电　流	15.4A	接　法	△
转　速	1440r/min	绝缘等级	E	工作方式	连续
温　升	80℃	防护等级	IP44	重　量	55kg

图 3-11 三相异步电动机的铭牌

(1) 型号：Y132M-4 中“Y”表示 Y 系列笼形异步电动机，“132”表示电动机的中心高为 132mm，“M”表示中型机座(L 表示长型机座，S 表示短型机座)，“4”表示四极电动机。

(2) (额定)功率：电动机在额定状态下运行时，其轴上所能输出的机械功率称为额定功率，单位：kW。

(3) 频率：电动机电源电压标准频率。我国工业电网标准频率为 50Hz。

(4) (额定)电压：额定运行状态下加在定子绕组上的线电压，单位：V 或 kV。

(5) (额定)电流：额定电压下电动机输出额定功率时定子绕组的线电流，单位：A。

(6) 接法：表示电动机在额定电压下，定子绕组的连接方式为星形(Y)或三角形(△)。

(7) (额定)转速：电动机在额定输出功率、额定电压和额定频率下的转速，单位：r/min。

(8) 绝缘等级：按电动机绕组所用的绝缘材料在使用时容许的极限温度来分级。极限温度是指电动机绝缘结构中最热点的最高容许温度。绝缘等级分为 A、E、B、F、H 级，对应极限温度分别为 105℃、120℃、130℃、155℃、180℃。

(9) 工作方式：是指电动机的运行方式。一般分为“连续”(代号为 S1)、“短时”(代号为 S2)、“断续”(代号为 S3)。

(10) 温升：是指电动机的温度与周围环境温度相比升高的限度。

(11) 防护等级：是指防止人体接触电动机转动部分、电动机内带电体和防止固体异物进入电动机内的防护等级。防护标志 IP44 含义：IP——特征字母，为“国际防护”的缩写；44——4 级防固体(防止大于 1mm 固体进入电动机)，4 级防水(任何方向溅水都无害无影响)。

(12) 重量：电动机的净重。

3.2.2 三相异步电动机连续运转电气原理

三相异步电动机连续运转电气原理图如图 3-12 所示。

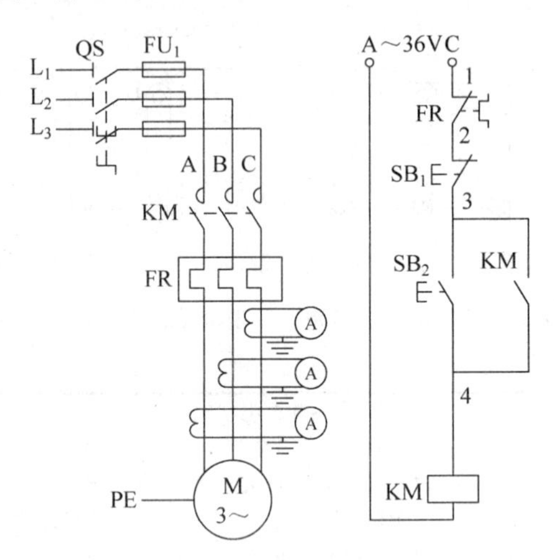

图 3-12 三相异步电动机连续运转电气原理图

3.2.3 考核要点

考核带熔断器(断路器)、仪表、电流互感器的电动机运行控制电路接线。

3.2.4 操作过程

(1) 检查元器件。
(2) 按图 3-12 所示接线,先接主回路,再接控制回路。
(3) 使用电阻分析法,用万用表进行自检。
(4) 交验,经教师确认后通电试验。

3.2.5 安全注意事项

(1) 通电前正确使用仪表检查线路,规范操作,工位整洁,确保不存在安全隐患。
(2) 三只电流互感器、电流表作星形接线的测量。
(3) 通电后各项控制功能正常,电流表正常显示。
(4) 电动机铁壳要接地;电动机接黄绿双色线作地线,不能接错颜色线。

3.2.6 短路保护与过载保护的区别

短路保护是当电路发生短路时要瞬时切断短路电流,如熔断器、自动开关的瞬时脱扣均可作短路保护。过载保护是当电路发生过载时,根据过载电流的大小经一定时间才做出的保护，例如电动机的过载保护应采用热继电器、定时限过流继电器、自动开关长延时脱扣器等。

3.2.7 带熔断器(断路器)、仪表、电流互感器的电动机运行控制电路接线考核

根据本小节学习内容进行带熔断器(断路器)、仪表、电流互感器的电动机运行控制电路接线考核训练；考核准备及教学流程如表 3-1 所示。

表 3-1 考核准备及教学流程

序号	考核准备及教学流程
1	准备本次考核所需要的器材、工具、电工仪表等
2	检查学生出勤情况；检查工作服、帽、鞋等是否符合安全操作要求
3	集中讲课，现场示范，讲述考核情况，布置本次实操考核作业
4	学生分组考核练习，教师巡回指导
5	教师逐一对学生进行考核评分
6	回顾考核情况，集中点评

1）考核地点及考核器材

在“低压电工科目二《安全操作技术》”模拟考室进行考核；考核所需器材、工具、仪表等见“附录 D 实操考试卡及考核室设备零件配置——科目二”。

2）考核评分

带熔断器(断路器)、仪表、电流互感器的电动机运行控制电路接线考核评分表如表 3-2 所示。

表 3-2 带熔断器(断路器)、仪表、电流互感器的电动机运行控制电路接线考核评分表

科目二：安全操作技术(时间：30 分钟，配分 40 分)

K24 带熔断器(断路器)、仪表、电流互感器的电动机运行控制电路接线

<table>
<tr><th>序号</th><th>考评项目</th><th>考评内容</th><th>配分</th><th>扣分原因</th><th>得分</th></tr>
<tr><td rowspan="5">3</td><td rowspan="5">安全操作技术</td><td>运行操作</td><td>24</td><td>1. 电路少一半功能或不能停止□ 扣 12 分
2. 接线松动、露铜超标□ 每处扣 2 分
3. 接地线少接□ 每处扣 4 分
4. 元器件或导线选用不规范□ 每处扣 4 分</td><td></td></tr>
<tr><td>安全作业环境</td><td>8</td><td>1. 操作不文明、不规范□ 扣 4 分
2. 工位不整洁□ 扣 2 分
3. 不正确使用仪表或工具□ 扣 2 分</td><td></td></tr>
<tr><td>问答</td><td>8</td><td>1. 回答不正确□ 每个扣 4 分
2. 回答不完整□ 每个扣 1～3 分</td><td></td></tr>
<tr><td>否定项</td><td colspan="3">1. 接线不正确，无功能□
2. 跳闸或熔断器烧毁或损坏设备□
3. 违反安全操作规范□
4. 带电接线或拆线□</td></tr>
<tr><td>合 计</td><td>40</td><td>违反安全穿着、通电不成功、跳闸、熔断器烧毁、损坏设备、违反安全操作规范，本项目为 0 分并终止本项目考试</td><td></td></tr>
</table>

3.3 电动机单向连续带点动运转线路接线

3.3.1 概述

连续运转是指电动机启动后处于连续工作状态。点动控制电路工作特点是：一点就动,不点不动。机床设备在正常工作时,一般需要电动机处在连续工作状态。但在试车或调整刀具与工件的相对位置时,又需要电动机能点动控制。

电动机单向连续带点动运转电气原理图如图 3-13 所示。

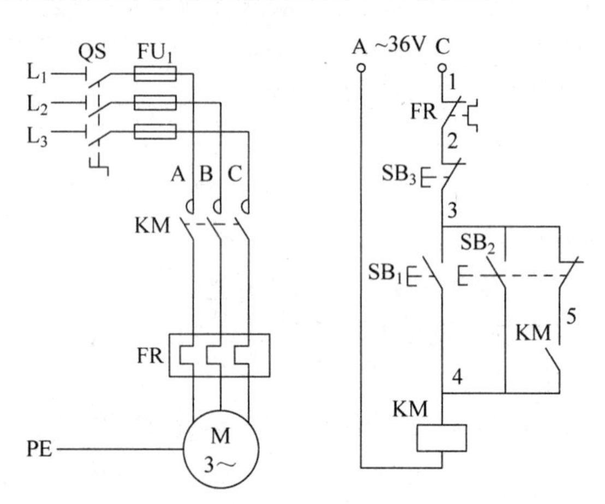

图 3-13 电动机单向连续带点动运转电气原理图

3.3.2 考核要点

考核电动机单向连续带点动运转线路接线。

3.3.3 操作过程

(1) 检查元器件。

(2) 按图 3-13 所示接线,先接主回路,再接控制回路。

(3) 使用电阻分析法,用万用表进行自检。

(4) 交验,经教师确认后通电试验。

3.3.4 安全注意事项

(1) 通电前正确使用仪表检查线路,规范操作,工位整洁,确保不存在安全隐患。

(2) 注意掌握 SB_2 常开触头与常闭触头之间的连接。

(3) 电动机铁壳要接地；电动机接黄绿双色线作地线，不能接错颜色线。

3.3.5　刀开关、接触器、熔断器、热继电器在回路上的作用和选用原则

(1) 胶壳开关：作电源隔离开关，$I_{开}=1.3I_{额}$(电动机的额定电流)。

(2) 交流接触器：作操作开关，$I_{接}=1.3I_{额}$(电动机的额定电流)。

(3) 熔断器：作短路保护，熔体选择 $I_{熔}=KI_{启}$；电动机的启动电流一般为 $I_{启}=4\sim7I_{额}$(电动机的额定电流)，K 一般取 0.5；一般电动机熔丝也可按 $I_{熔}=2\sim3.5I_{额}$(电动机的额定电流)来选择，对于小容量电动机启动时间短，熔丝的额定电流可选小些。

(4) 热继电器：作电动机的过载保护，型号有 D 字的还可作断相保护。

热继电器的额定电流应大于电动机的额定电流。

热继电器的整定电流值应等于 100%电动机的额定电流。

3.3.6　电动机单向连续带点动运转线路接线考核

根据本小节学习内容进行电动机单向连续带点动运转线路接线考核训练；考核准备及教学流程如表 3-3 所示。

表 3-3　考核准备及教学流程

序号	考核准备及教学流程
1	准备本次考核所需要的器材、工具、电工仪表等
2	检查学生出勤情况；检查工作服、帽、鞋等是否符合安全操作要求
3	集中讲课，现场示范，讲述考核情况，布置本次实操考核作业
4	学生分组考核练习，教师巡回指导
5	教师逐一对学生进行考核评分
6	回顾考核情况，集中点评

1) 考核地点及考核器材

在"低压电工科目二《安全操作技术》"模拟考室进行考核；考核所需器材、工具、仪表等见"附录 D　实操考试卡及考核室设备零件配置——科目二"。

2) 考核评分

电动机单向连续带点动运转线路接线考核评分表如表 3-4 所示。

表 3-4 电动机单向连续带点动运转线路接线考核评分表

科目二：安全操作技术(时间：30 分钟，配分 40 分)

K21 电动机单向连续带点动运转线路接线

序号	考评项目	考评内容	配分	扣分原因	得分
3	安全操作技术	运行操作	24	1. 电路少一半功能或不能停止□ 扣 12 分 2. 接线松动、露铜超标□ 每处扣 2 分 3. 接地线少接□ 每处扣 4 分 4. 元器件或导线选用不规范□ 每处扣 4 分	
		安全作业环境	8	1. 操作不文明、不规范□ 扣 4 分 2. 工位不整洁□ 扣 2 分 3. 不正确使用仪表或工具□ 扣 2 分	
		问答	8	1. 回答不正确□ 每个扣 4 分 2. 回答不完整□ 每个扣 1～3 分	
		否定项	1. 接线不正确，无功能□ 2. 跳闸或熔断器烧毁或损坏设备□ 3. 违反安全操作规范□ 4. 带电接线或拆线□		
		合 计	40	违反安全穿着、通电不成功、跳闸、熔断器烧毁、损坏设备、违反安全操作规范，本项目为 0 分并终止本项目考试	

3.4 三相异步电动机正反运转线路接线

3.4.1 正反转线路概述

电动机正反转是指电动机顺时针转动和逆时针转动，电动机顺时针转动是电动机正转，电动机逆时针转动是电动机反转。电动机的正反转有着广泛的使用，例如行车、木工用的电刨床、台钻、刻丝机、甩干机和车床等。

要实现电动机的正反转只要将接至电动机三相电源进线中的任意两相对调接线即可达到反转的目的。三相异步电动机正反运转电气原理图如图 3-14 所示。

3.4.2 考核要点

考核三相异步电动机正反运转线路接线。

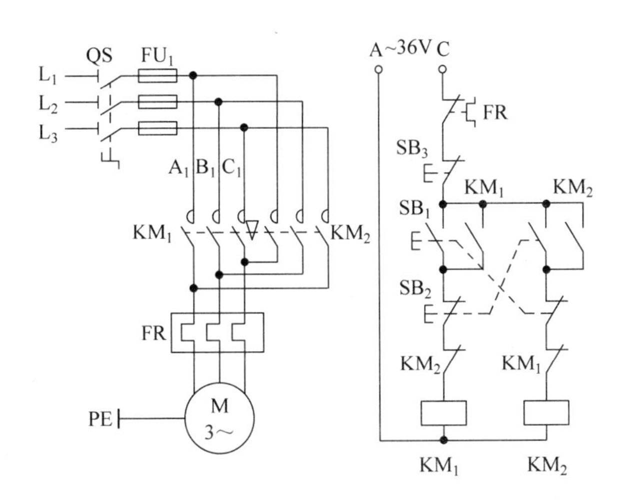

图 3-14 三相异步电动机正反运转电气原理图

3.4.3 操作过程

(1) 检查元器件。

(2) 按图 3-14 所示接线，先接主回路，再接控制回路。

(3) 使用电阻分析法，用万用表进行自检。

(4) 交验，经教师确认后通电试验。

3.4.4 安全注意事项

(1) 通电前正确使用仪表检查线路，规范操作，工位整洁，确保不存在安全隐患。

(2) 主回路连接应注意换相，否则电动机不能正反运转。

(3) 注意掌握 SB_1、SB_2 之间联锁触头之间的连接。

(4) 电动机铁壳要接地；电动机接黄绿双色线作地线，不能接错颜色线。

3.4.5 知识拓展

1. 正确使用控制按钮(控制开关)

按钮用来接通和断开控制电路，一般红色的常闭触头用于停止，绿色的常开触头用于启动。按钮的选择原则如下。

(1) 根据使用场合和具体用途选按钮种类。

(2) 根据工作状态指示和工作情况要求选择按钮颜色。

(3) 根据控制回路需要选择按钮的数量。

2. 正确选用保护接地、保护接零

保护接地，是为防止电气装置的金属外壳、配电装置的架构和线路杆塔等带电危及人身

和设备安全而进行的接地。

保护接零，是把电工设备的金属外壳和电网的零线可靠连接，以保护人身安全的一种用电安全措施。

保护接地常用于TT系统中，保护接零常用于TN系统中。根据现行的国家标准《低压配电设计规范》(GB 50054)，低压配电系统有三种接地形式，即IT系统、TT系统、TN系统。

(1) IT系统就是电源中性点不接地，用电设备外露可导电部分直接接地的系统；IT系统可以有中性线，但建议不设置中性线；因为如果设置中性线，在IT系统中N线任何一点发生接地故障，该系统将不再是IT系统。

(2) TT系统就是电源中性点直接接地，用电设备外露可导电部分也直接接地的系统；通常将电源中性点的接地叫作工作接地，而设备外露可导电部分的接地叫作保护接地；TT系统中，这两个接地必须是相互独立的；设备接地可以是每一设备都有各自独立的接地装置，也可以若干设备共用一个接地装置。

(3) TN系统即电源中性点直接接地，设备外露可导电部分与电源中性点直接电气连接的系统；在TN系统中，所有电气设备的外露可导电部分均接到保护线上，并与电源的接地点相连，这个接地点通常是配电系统的中性点；TN系统的电力系统有一点直接接地，电气装置的外露可导电部分通过保护导体与该点连接。

3. 双重联锁的作用

双重联锁是接触器触头联锁和按钮开关联锁的两种联锁，其作用是防止人为误操作或主触头熔焊不释放，发生相间短路的危险。

3.4.6 三相异步电动机正反运转线路接线考核

根据本小节学习内容进行三相异步电动机正反运转线路接线考核训练；考核准备及教学流程如表3-5所示。

表3-5 考核准备及教学流程

序号	考核准备及教学流程
1	准备本次考核所需要的器材、工具、电工仪表等
2	检查学生出勤情况；检查工作服、帽、鞋等是否符合安全操作要求
3	集中讲课，现场示范，讲述考核情况，布置本次实操考核作业
4	学生分组考核练习，教师巡回指导
5	教师逐一对学生进行考核评分
6	回顾考核情况，集中点评

1) 考核地点及考核器材

在“低压电工科目二《安全操作技术》”模拟考室进行考核；考核所需器材、工具、仪表等见“附录D 实操考试卡及考核室设备零件配置——科目二”。

2) 考核评分

三相异步电动机正反运转线路接线考核评分表如表3-6所示。

表 3-6 三相异步电动机正反运转线路接线考核评分表

科目二：安全操作技术(时间：30 分钟，配分 40 分)

K22 三相异步电动机正反运转线路接线

序号	考评项目	考 评 内 容	配分	扣 分 原 因	得分
3	安全操作技术	运行操作	24	1. 电路少一半功能或不能停止□ 扣 12 分 2. 接线松动、露铜超标□ 每处扣 2 分 3. 接地线少接□ 每处扣 4 分 4. 元器件或导线选用不规范□ 每处扣 4 分	
		安全作业环境	8	1. 操作不文明、不规范□ 扣 4 分 2. 工位不整洁□ 扣 2 分 3. 不正确使用仪表或工具□ 扣 2 分	
		问答	8	1. 回答不正确□ 每个扣 4 分 2. 回答不完整□ 每个扣 1～3 分	
		否定项	1. 接线不正确，无功能□ 2. 跳闸或熔断器烧毁或损坏设备□ 3. 违反安全操作规范□ 4. 带电接线或拆线□		
		合 计	40	违反安全穿着、通电不成功、跳闸、熔断器烧毁、损坏设备、违反安全操作规范，本项目为 0 分并终止本项目考试	

3.5 一控一灯电路的安装

3.5.1 概述

一控一灯电路即主要包括一个控制开关、一盏白炽灯的简单电路，此类电路日常应用广泛。一控一灯电路原理如图 3-15 所示；一控一灯电路实物如图 3-16 所示。

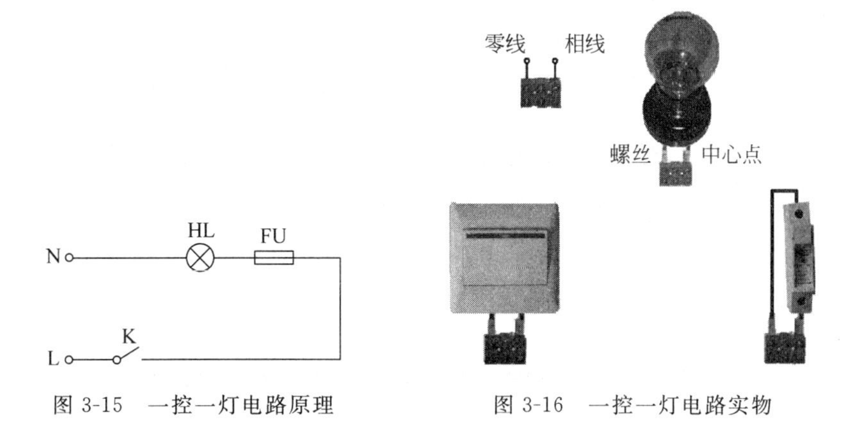

图 3-15 一控一灯电路原理　　图 3-16 一控一灯电路实物

3.5.2 考核要点

考核一个控制开关控制一盏白炽灯电路的安装和通电试验技能，符合规程规定的安装场所要求的最低高度及正确选择电源电压。

3.5.3 操作过程

(1) 检查元器件。

(2) 按图 3-15 所示接线，火线进开关，开关到保险盒，再到灯头的中心点。

(3) 接线完成后用万用表检查。

(4) 交验，经教师确认后通电试验。

3.5.4 相关规程规定

(1) 有关螺丝灯头的规定：经开关控制的火线应接于灯头中心弹簧片上，螺丝部分装接零线。办公场所和家庭住所不宜安装螺丝灯头。

(2) 一般场所灯具与地面的垂直安装高度，室内干燥场所不应低于 1.8m，室内潮湿场所不应低于 2.5m，室外安装不低于 3m。

(3) 墙边开关一般距地面 1.3～1.5m。拉绳开关安装高度 2～3m，照明分路总开关底边距地高度 1.8～2m。

(4) 一般场所照明电压选用 220V，潮湿场所低于 2.5m 应选用 36V，特别潮湿场所(如井下)或接地的大块金属面、金属构架上应使用 12V 的安全电压。

(5) 照明电路中每一单相回路中最大负荷电流不大于 15A；每一分路用电设备数量不宜超过 25 个，总容量不超过 3kW。

(6) 熔丝的额定电流按负载电流的 1.1 倍选择。

3.5.5 白炽灯安装口诀

各个灯具要并联，灯头开关要串联，火线定要进开关，才能控制又安全。

3.5.6 一控一灯电路安装接线考核

根据本小节学习内容进行一控一灯电路安装接线考核训练；考核准备及教学流程如表 3-7 所示。

1) 考核地点及考核器材

在“低压电工科目二《安全操作技术》”模拟考室进行考核；考核所需器材、工具、仪表等见“附录 D　实操考试卡及考核室设备零件配置——科目二”。

表 3-7 考核准备及教学流程

序号	考核准备及教学流程
1	准备本次考核所需要的器材、工具、电工仪表等
2	检查学生出勤情况；检查工作服、帽、鞋等是否符合安全操作要求
3	集中讲课，现场示范，讲述考核情况，布置本次实操考核作业
4	学生分组考核练习，教师巡回指导
5	教师逐一对学生进行考核评分
6	回顾考核情况，集中点评

2）考核评分

一控一灯电路安装接线考核评分表如表 3-8 所示。

表 3-8 一控一灯电路安装接线考核评分表

科目二：安全操作技术（时间：30 分钟，配分 40 分）

K26 一控一灯电路安装接线

<table>
<tr><th>序号</th><th>考评项目</th><th>考评内容</th><th>配分</th><th>扣分原因</th><th>得分</th></tr>
<tr><td rowspan="5">3</td><td rowspan="5">安全操作技术</td><td>运行操作</td><td>24</td><td>1. 电路少一半功能或不能停止□ 扣 12 分
2. 接线松动、露铜超标□ 每处扣 2 分
3. 接地线少接□ 每处扣 4 分
4. 元器件或导线选用不规范□ 每处扣 4 分</td><td></td></tr>
<tr><td>安全作业环境</td><td>8</td><td>1. 操作不文明、不规范□ 扣 4 分
2. 工位不整洁□ 扣 2 分
3. 不正确使用仪表或工具□ 扣 2 分</td><td></td></tr>
<tr><td>问答</td><td>8</td><td>1. 回答不正确□ 每个扣 4 分
2. 回答不完整□ 每个扣 1～3 分</td><td></td></tr>
<tr><td>否定项</td><td colspan="2">1. 接线不正确，无功能□
2. 跳闸或熔断器烧毁或损坏设备□
3. 违反安全操作规范□
4. 带电接线或拆线□</td><td></td></tr>
<tr><td>合　计</td><td>40</td><td>违反安全穿着、通电不成功、跳闸、熔断器烧毁、损坏设备、违反安全操作规范，本项目为 0 分并终止本项目考试</td><td></td></tr>
</table>

3.6 荧光灯带单相漏电保护器电路的安装

3.6.1 漏电保护器概述

漏电保护器简称漏电开关，又叫漏电断路器，主要是用来在设备发生漏电故障时以及对有致命危险的人身触电进行保护，具有过载和短路保护功能，可用来保护线路或电动机的过载和短路。

1. 漏电保护器工作原理、作用、主要组成部分

原理：当发生人身触电或漏电接地故障时，漏电电流直接流入大地不返回零线，使零序电流互感器的铁芯磁通不平衡，存在一个漏电电流的磁通，线圈就有感应电压输出，经放大后使漏电脱扣器动作，开关动作机构跳闸，切断电源，如图 3-17 所示。

作用：当发生人身触电和设备漏电接地等故障时，漏电保护器动作切断电源。

组成：主要由零序电流互感器、(漏电)脱扣器、开关动作机构、电子电路四部分组成。

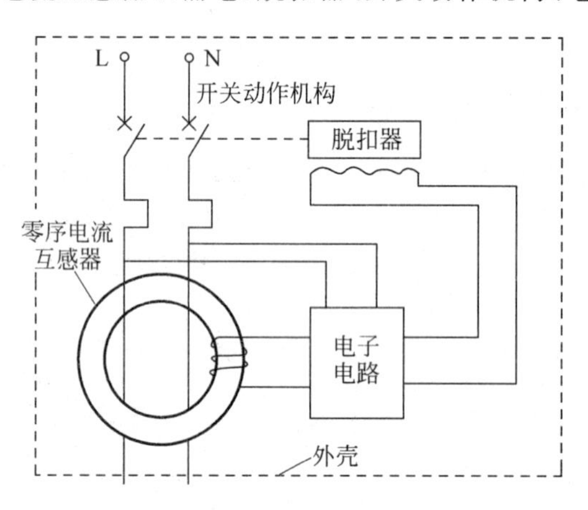

图 3-17 漏电保护器原理结构图

2. 漏电保护器选用原则

居民住宅、办公室应选漏电动作值≤30mA，动作时间≤0.1s 漏电保护器。低压系统总保护或支干线保护的动作电流应大于分支线动作电流，同时分支线保护动作时间应小于总保护动作时间，以保证分支线发生漏电故障时不越级跳闸。

3. 必须装设漏电保护器的电气设备

(1) 凡使用超过安全电压的手持电动工具，如冲击钻、手电钻、电锯等。

(2) 基建施工用的电气设备，如打桩机、搅拌机等。

(3) 潮湿场所的电气设备，如食堂、浴室的电气设备及打禾机、电动排灌水泵等。

(4) 移动式、携带式的电气用具，如吸尘机、电吹风筒等。

(5) 电气设备的金属外壳未能接地(零)者，如岩石上、建筑物中混凝土上使用鼓风机、电动工具传送器等。

(6) 总开关处未装漏电保护器的三相插座。

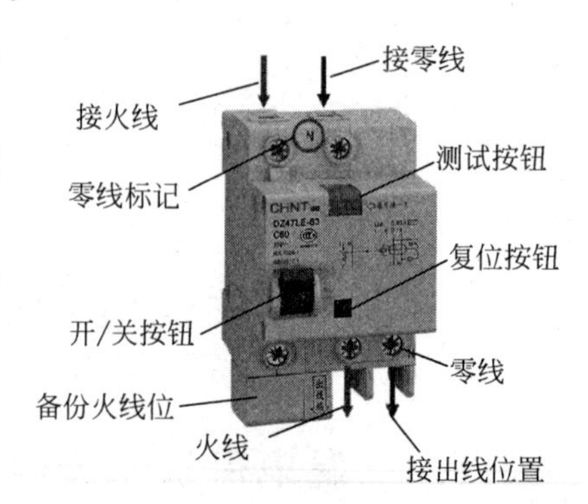

图 3-18 单相漏电保护器安装示意图

单相漏电保护器安装示意图如图 3-18 所示；漏电保护器安装对错示意图如图 3-19 所示。

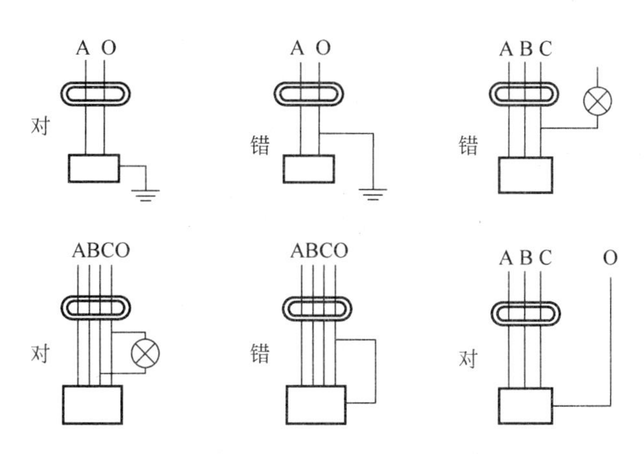

图 3-19　漏电保护器安装对错示意图(单相、三相)

3.6.2　漏电保护器安全注意事项

安装漏电保护器是安全保护措施之一,它不能代替现有的有关用电规程安全装置,还必须按规程采用其他有效的安全技术措施,如保护接地、保护接零、绝缘保护等,不能把安全漏电保护器当作能保护一切的法宝。

3.6.3　荧光灯概述

荧光灯也叫日光灯或光管,日常中应用广泛。荧光灯正常发光时灯管两端只允许通过较低的电流,所以加在灯管上的电压略低于电源电压,但是荧光灯开始工作时需要一个较高电压击穿,所以在电路中加入了镇流器,不仅可以在启动时产生较高电压,同时可以在荧光灯工作时稳定电流。

(1) 镇流器的作用:在灯管点亮前产生脉冲高电压,灯管点亮后起降压和限流作用;镇流器的功率应与荧光灯功率匹配。

(2) 启辉器(启动器的作用):用于荧光灯启动。

(3) 电容器的作用:电容器主要是补偿感性负载,提高荧光灯电路的功率因数,使荧光灯的功率因数达到 0.8 以上。

3.6.4　荧光灯电路

荧光灯电路原理如图 3-20 所示,荧光灯安装图如图 3-21 所示。

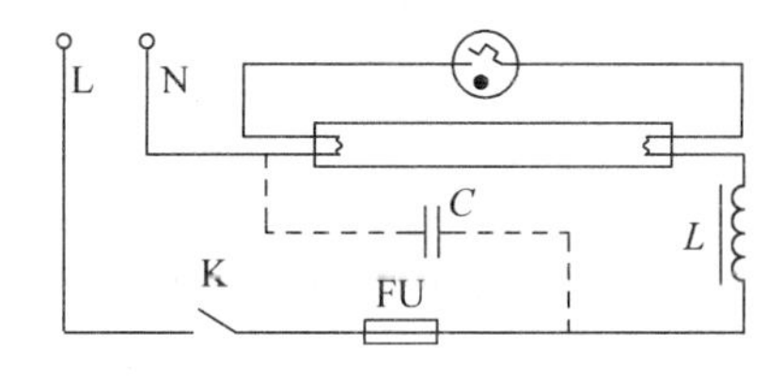

图 3-20　荧光灯电路原理

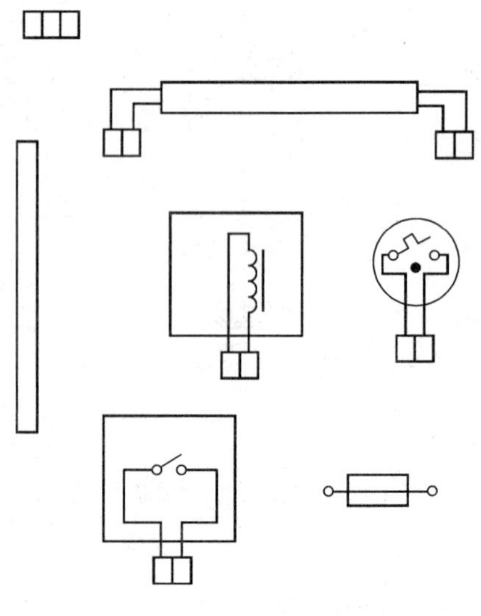

图 3-21 荧光灯安装图

3.6.5 荧光灯的各种常见故障及排除方法

1. 两端发亮但间歇闪烁

可能原因：启辉器串接于回路。

处理方法：可调换启辉器与荧光灯管的灯脚接线。

2. 两端发亮，中间不亮

可能原因：启辉器内的抗干扰小电容器击穿短路。

处理方法：可拆除小电容器或更换新的启辉器。

3. 荧光灯管关断，但仍有微光闪动

可能原因：电源的火线直接引入荧光灯管的灯脚，或天气特别潮湿的原因所致。

处理方法：可把相线和零线对调或把线路和开关作干燥处理。

3.6.6 荧光灯管容量与电容器容量的匹配

40W 配 4.75μF，30W 配 3.75μF，20W 配 2.5μF。

3.6.7 荧光灯带单相漏电保护器电路

荧光灯带单相漏电保护器电路如图 3-22 所示。

3.6.8 考核要点

考核漏电保护器的选择、安装和使用；考核用荧光灯散件组装荧光灯电路和常见故障

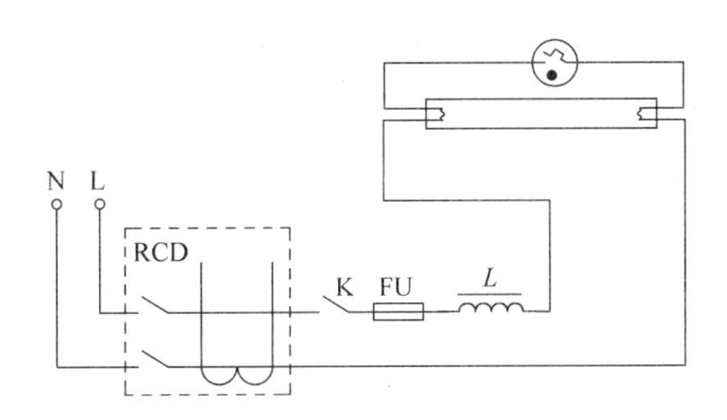

图 3-22　荧光灯带单相漏电保护器电路

的排除方法。

3.6.9　操作过程

(1) 检查元器件。

(2) 按图 3-22 所示接线，注意区别漏电保护器进线端和出线端。

(3) 接线完成后用万用表检查。

(4) 交验，经教师确认后通电试验。

3.6.10　荧光灯带单相漏电保护器电路安装考核

根据本小节学习内容进行荧光灯带单相漏电保护器电路安装考核训练；考核准备及教学流程如表 3-9 所示。

表 3-9　考核准备及教学流程

序号	考核准备及教学流程
1	准备本次考核所需要的器材、工具、电工仪表等
2	检查学生出勤情况；检查工作服、帽、鞋等是否符合安全操作要求
3	集中讲课，现场示范，讲述考核情况，布置本次实操考核作业
4	学生分组考核练习，教师巡回指导
5	教师逐一对学生进行考核评分
6	回顾考核情况，集中点评

1) 考核地点及考核器材

在"低压电工科目二《安全操作技术》"模拟考室进行考核；考核所需器材、工具、仪表等见"附录 D　实操考试卡及考核室设备零件配置——科目二"。

2) 考核评分

荧光灯带单相漏电保护器电路安装考核评分表如表 3-10 所示。

表 3-10 荧光灯带单相漏电保护器电路安装考核评分表

科目二：安全操作技术(时间：30 分钟，配分 40 分)

K27 荧光灯带单相漏电保护器电路安装

序号	考评项目	考评内容	配分	扣分原因	得分
3	安全操作技术	运行操作	24	1. 电路少一半功能或不能停止□ 扣 12 分 2. 接线松动、露铜超标□ 每处扣 2 分 3. 接地线少接□ 每处扣 4 分 4. 元器件或导线选用不规范□ 每处扣 4 分	
		安全作业环境	8	1. 操作不文明、不规范□ 扣 4 分 2. 工位不整洁□ 扣 2 分 3. 不正确使用仪表或工具□ 扣 2 分	
		问答	8	1. 回答不正确□ 每个扣 4 分 2. 回答不完整□ 每个扣 1～3 分	
		否定项	1. 接线不正确，无功能□ 2. 跳闸或熔断器烧毁或损坏设备□ 3. 违反安全操作规范□ 4. 带电接线或拆线□		
		合 计	40	违反安全穿着、通电不成功、跳闸、熔断器烧毁、损坏设备、违反安全操作规范，本项目为 0 分并终止本项目考试	

3.7 电能表带荧光灯电路的安装

3.7.1 电能表概述

电能表用于电能的测量，如图 3-23 所示。它的工作原理是利用电压和电流线圈在铝盘上产生的涡流与交变磁通相互作用产生电磁力，使铝盘转动，同时引入制动力矩，使铝盘转速与负载功率成正比，通过轴向齿轮传动，由计算器计算出转盘转数，从而测定出电能。

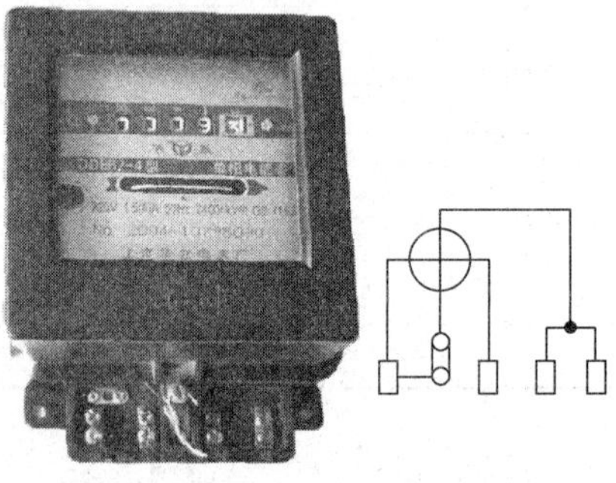

$L_{入}$ $L_{出}$ $N_{入}$ $N_{出}$

图 3-23 单相电能表

3.7.2 电能表相关规程规定

(1) 安装场所的选择：较干燥和清洁、不易损坏及振动、无腐蚀性气体、不受强磁场影响、较明亮及便于抄表的地方。

(2) 安装高度的规定：表位的高度应方便装拆表和抄表，并应考虑安全，如表箱布置采用横排一列式的，表箱底部对地面的垂直距离一般为 1.7～1.9m。如因条件限制，采用上下两列布置的，上表箱底对地面高度不应超过 2.1m。

(3) 表位线的选择：低压表位线，应采用额定电压为 500V 的绝缘导线，导线载流量应与负荷相适应。其最小截面铜芯不应小于 $1.5mm^2$，铝芯不应小于 $4mm^2$。表位线中间不应有接头，铜铝线不能直接连接。

(4) 电能表前不允许安装开关和接头。

(5) 用电量的计算方法：

用电量=本月电能表读数-上月电能表读数

3.7.3 电能表带荧光灯电路

电能表带荧光灯电路原理如图 3-24 所示；单相电能表带荧光灯安装图如图 3-25 所示。

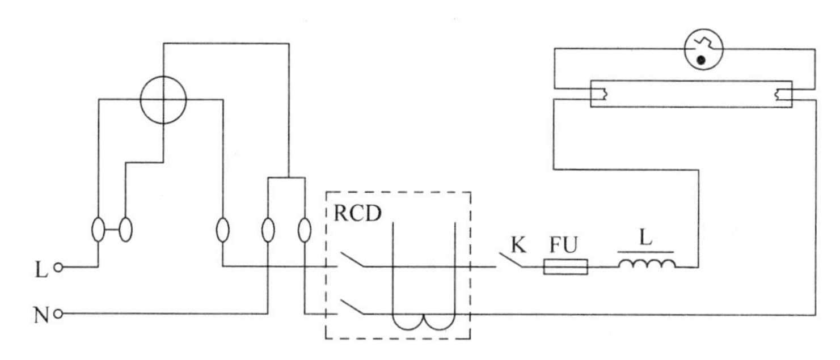

图 3-24 电能表带荧光灯电路原理

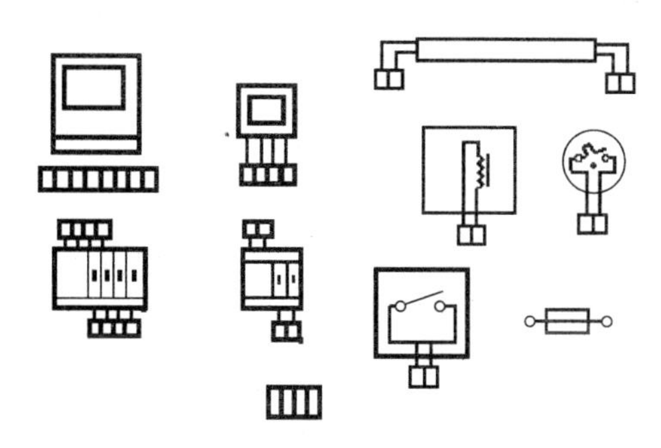

图 3-25 单相电能表带荧光灯安装图

3.7.4 考核要点

考核电能表直接式的接线；考核安装场所的选择、安装高度的选择、表位线的选择；考核用荧光灯散件组装荧光灯电路和常见故障的排除方法。

3.7.5 操作过程

(1) 检查元器件。

(2) 按图 3-24 所示接线，参考图 3-25，注意区别电能表进线端和出线端。

(3) 接线完成后用万用表检查。

(4) 交验,经教师确认后通电试验。

3.7.6 电能表带荧光灯电路安装考核

根据本小节学习内容进行电能表带荧光灯电路安装考核训练;考核准备及教学流程如表3-11所示。

表3-11 考核准备及教学流程

序号	考核准备及教学流程
1	准备本次考核所需要的器材、工具、电工仪表等
2	检查学生出勤情况;检查工作服、帽、鞋等是否符合安全操作要求
3	集中讲课,现场示范,讲述考核情况,布置本次实操考核作业
4	学生分组考核练习,教师巡回指导
5	教师逐一对学生进行考核评分
6	回顾考核情况,集中点评

1) 考核地点及考核器材

在"低压电工科目二《安全操作技术》"模拟考室进行考核;考核所需器材、工具、仪表等见"附录D 实操考试卡及考核室设备零件配置——科目二"。

2) 考核评分

电能表带荧光灯电路安装考核评分表如表3-12所示。

表3-12 电能表带荧光灯电路安装考核评分表

科目二:安全操作技术(时间:30分钟,配分40分)

K23 单相电能表带照明灯的安装与接线

<table>
<tr><th>序号</th><th>考评项目</th><th>考 评 内 容</th><th>配分</th><th>扣 分 原 因</th><th>得分</th></tr>
<tr><td rowspan="5">3</td><td rowspan="5">安全操作技术</td><td>运行操作</td><td>24</td><td>1. 电路少一半功能或不能停止□ 扣12分
2. 接线松动、露铜超标□ 每处扣2分
3. 接地线少接□ 每处扣4分
4. 元器件或导线选用不规范□ 每处扣4分</td><td></td></tr>
<tr><td>安全作业环境</td><td>8</td><td>1. 操作不文明、不规范□ 扣4分
2. 工位不整洁□ 扣2分
3. 不正确使用仪表或工具□ 扣2分</td><td></td></tr>
<tr><td>问答</td><td>8</td><td>1. 回答不正确□ 每个扣4分
2. 回答不完整□ 每个扣1~3分</td><td></td></tr>
<tr><td>否定项</td><td colspan="2">1. 接线不正确,无功能□
2. 跳闸或熔断器烧毁或损坏设备□
3. 违反安全操作规范□
4. 带电接线或拆线□</td><td></td></tr>
<tr><td>合 计</td><td>40</td><td>违反安全穿着、通电不成功、跳闸、熔断器烧毁、损坏设备、违反安全操作规范,本项目为0分并终止本项目考试</td><td></td></tr>
</table>

3.8　单相电能表带照明灯的安装及接线——双控一灯

3.8.1　概述

双控白炽灯是指用两个控制开关控制一盏白炽灯的电路，两个开关都可以控制白炽灯的通断电。双控白炽灯电路原理如图 3-26 所示；双控白炽灯电路实物如图 3-27 所示。

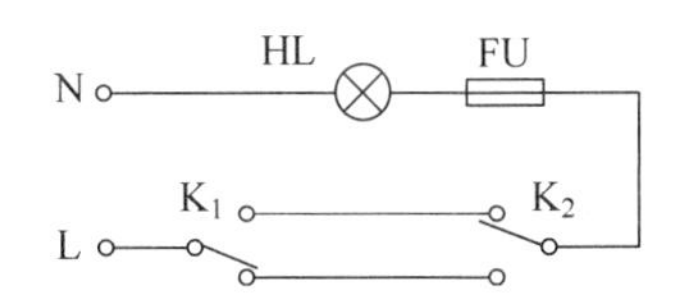

图 3-26　双控白炽灯电路原理

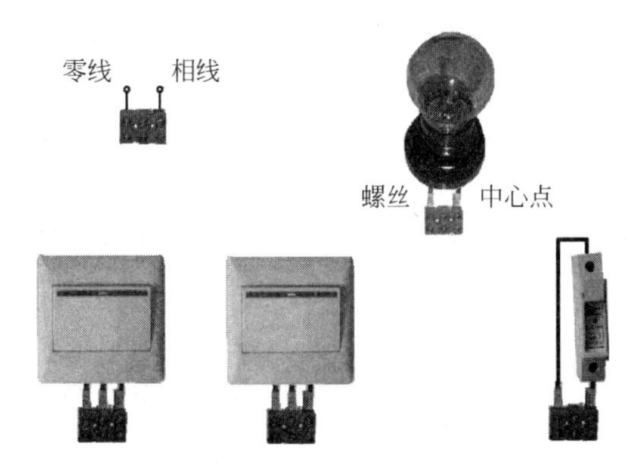

图 3-27　双控白炽灯电路实物

单相电能表带照明灯的安装及接线——双控白炽灯电路原理如图 3-28 所示。

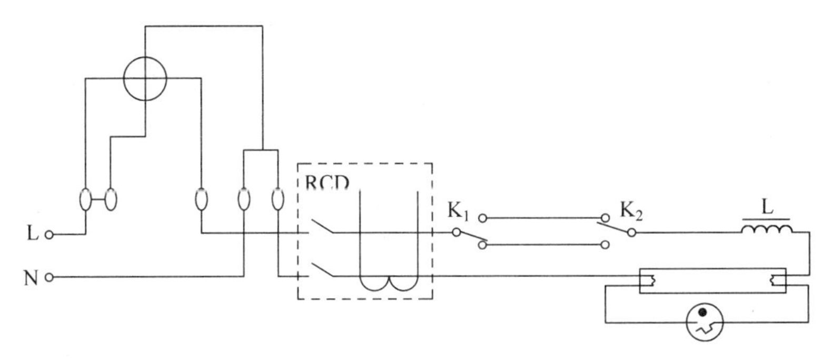

图 3-28　单相电能表带照明灯的安装及接线——双控白炽灯电路原理

3.8.2 考核要点

考核单相电能表带照明灯的安装及接线(双控白炽灯的安装及接线)。

3.8.3 操作过程

(1) 检查元器件。
(2) 按图 3-28 所示接线,注意区别电能表进线端和出线端。
(3) 接线完成后用万用表检查。
(4) 交验,经教师确认后通电试验。

3.8.4 注意事项

(1) 双控白炽灯电路的安装与接线过程中,一只双连开关的中心点接相线,另一只双连开关的中心点接保险盒,不能接错。
(2) 严格按照单相电能表开关、灯具的安装规程接线。

3.8.5 单相电能表带照明灯的安装及接线——双控一灯安装考核

根据本小节学习内容进行单相电能表带照明灯的安装及接线——双控白炽灯考核训练;考核准备及教学流程如表 3-13 所示。

表 3-13 考核准备及教学流程

序号	考核准备及教学流程
1	准备本次考核所需要的器材、工具、电工仪表等
2	检查学生出勤情况;检查工作服、帽、鞋等是否符合安全操作要求
3	集中讲课,现场示范,讲述考核情况,布置本次实操考核作业
4	学生分组考核练习,教师巡回指导
5	教师逐一对学生进行考核评分
6	回顾考核情况,集中点评

1) 考核地点及考核器材

在“低压电工科目二《安全操作技术》”模拟考室进行考核;考核所需器材、工具、仪表等见“附录 D 实操考试卡及考核室设备零件配置——科目二”。

2) 考核评分

单相电能表带照明灯的安装及接线——双控白炽灯安装考核评分表如表 3-14 所示。

表 3-14 单相电能表带照明灯的安装及接线——双控一灯安装考核评分表

科目二：安全操作技术(时间：30 分钟，配分 40 分)

K23 单相电能表带照明灯的安装及接线——双控一灯

序号	考评项目	考评内容	配分	扣分原因	得分
3	安全操作技术	运行操作	24	1. 电路少一半功能或不能停止□ 扣 12 分 2. 接线松动、露铜超标□ 每处扣 2 分 3. 接地线少接□ 每处扣 4 分 4. 元器件或导线选用不规范□ 每处扣 4 分	
		安全作业环境	8	1. 操作不文明、不规范□ 扣 4 分 2. 工位不整洁□ 扣 2 分 3. 不正确使用仪表或工具□ 扣 2 分	
		问答	8	1. 回答不正确□ 每个扣 4 分 2. 回答不完整□ 每个扣 1～3 分	
		否定项	1. 接线不正确，无功能□ 2. 跳闸或熔断器烧毁或损坏设备□ 3. 违反安全操作规范□ 4. 带电接线或拆线□		
		合　计	40	违反安全穿着、通电不成功、跳闸、熔断器烧毁、损坏设备、违反安全操作规范，本项目为 0 分并终止本项目考试	

3.9 单相电能表带照明灯的安装及接线——单控灯加插座

3.9.1 概述

1. 单极自动开关(QF)

单极自动开关(QF)如图 3-29 所示；单极是指开关开断(闭合)电源的线数，如对 220V 的单相线路可以使用单极开关开断相线(火线，L 线)，这里开关一般指断路器。

2. 三孔插座(XS)

三孔插座(XS)如图 3-30 所示，安装规程为：

(1) 暗装和工业用插座距地面不应低于 30cm。

(2) 在儿童活动场所应采用安全插座。采用普通插座时，其安装高度不应低于 1.8m。

(3) 同一室内安装的插座高低差不应大于 5mm；成排安装的插座高低差不应大于 2mm。

(4) 暗装的插座应有专用盒，盖板应端正严密并与墙面平。

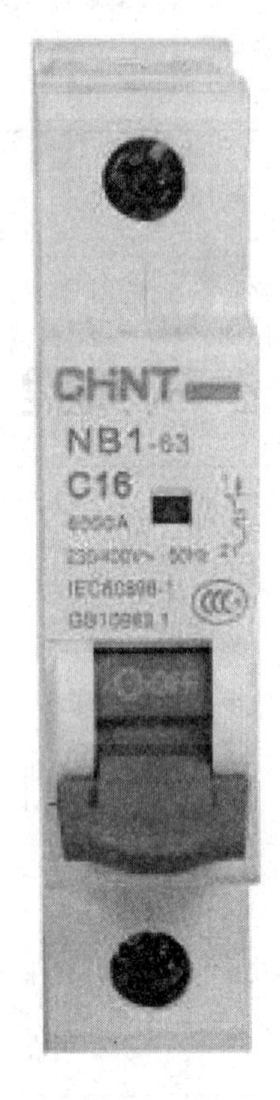

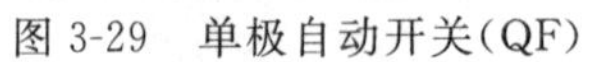

图 3-29 单极自动开关(QF)

图 3-30 三孔插座(XS)

(5) 落地插座应有保护盖板。

(6) 在特别潮湿和有易燃、易爆气体及粉尘的场所不应装设插座。

3. 单控灯加插座电路

单控灯加插座是指用两个单极自动开关分别控制一盏白炽灯和一个三孔插座。单相电能表带照明灯的安装及接线——单控灯加插座电路原理如图 3-31 所示。

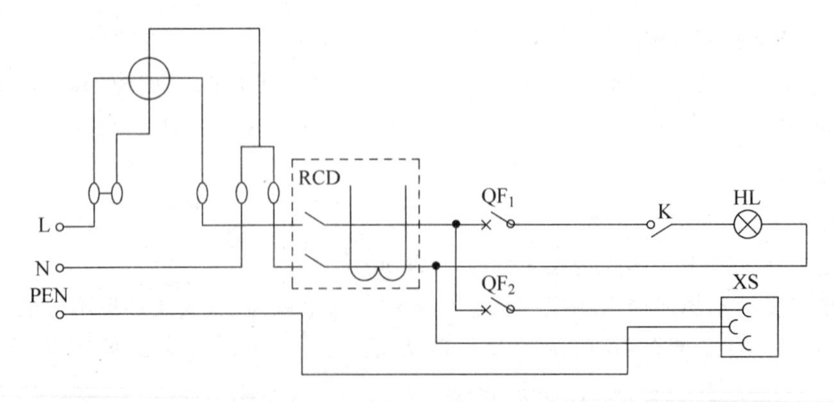

图 3-31 单相电能表带照明灯的安装及接线——单控灯加插座电路原理

3.9.2 考核要点

考核单相电能表带照明灯——单控灯加插座的安装及接线。

3.9.3 操作过程

(1) 检查元器件。

(2) 按图3-31所示接线,注意区别电能表进线端和出线端,注意三孔插座的相线和零线。

(3) 接线完成后用万用表检查。

(4) 交验,经教师确认后通电试验。

3.9.4 注意事项

(1) 单相电能表的安装规程。

(2) 开关、灯具安装规程。

3.9.5 单相电能表带照明灯的安装及接线——单控灯加插座考核

根据本小节学习内容进行单相电能表带照明灯的安装及接线——单控灯加插座考核训练;考核准备及教学流程如表3-15所示。

表3-15 考核准备及教学流程

序号	考核准备及教学流程
1	准备本次考核所需要的器材、工具、电工仪表等
2	检查学生出勤情况;检查工作服、帽、鞋等是否符合安全操作要求
3	集中讲课,现场示范,讲述考核情况,布置本次实操考核作业
4	学生分组考核练习,教师巡回指导
5	教师逐一对学生进行考核评分
6	回顾考核情况,集中点评

1) 考核地点及考核器材

在"低压电工科目二《安全操作技术》"模拟考室进行考核;考核所需器材、工具、仪表等见"附录D 实操考试卡及考核室设备零件配置——科目二"。

2) 考核评分

单相电能表带照明灯的安装及接线——单控灯加插座考核评分表如表3-16所示。

表 3-16　单相电能表带照明灯的安装及接线——单控灯加插座考核评分表

科目二：安全操作技术(时间：30 分钟，配分 40 分)

K29 单相电能表带照明灯的安装及接线——单控灯加插座

序号	考评项目	考评内容	配分	扣分原因	得分
3	安全操作技术	运行操作	24	1. 电路少一半功能或不能停止□　扣 12 分 2. 接线松动、露铜超标□　每处扣 2 分 3. 接地线少接□　每处扣 4 分 4. 元器件或导线选用不规范□　每处扣 4 分	
		安全作业环境	8	1. 操作不文明、不规范□　扣 4 分 2. 工位不整洁□　扣 2 分 3. 不正确使用仪表或工具□　扣 2 分	
		问答	8	1. 回答不正确□　每个扣 4 分 2. 回答不完整□　每个扣 1～3 分	
		否定项		1. 接线不正确，无功能□ 2. 跳闸或熔断器烧毁或损坏设备□ 3. 违反安全操作规范□ 4. 带电接线或拆线□	
		合　计	40	违反安全穿着、通电不成功、跳闸、熔断器烧毁、损坏设备、违反安全操作规范，本项目为 0 分并终止本项目考试	

3.10　导线的认识与连接

3.10.1　导线概述

在导线外围均匀而密封地包裹一层不导电的材料，如树脂、塑料、硅橡胶、PVC 等，形成绝缘层，防止导电体与外界接触造成漏电、短路、触电等事故发生的电线叫绝缘导线。

安全载流量是指电线散发出去的热量恰好等于电流通过电线产生的热量，电线的温度不再升高，这时的电流值就是该电线的安全载流量，又称安全电流。导线的安全载流量与导线所处的环境温度密切相关，常用铜芯绝缘导线在环境温度 35℃时明敷装置的安全载流量如表 3-17 所示。

表 3-17　常用铜芯绝缘导线在环境温度 35℃时明敷装置的安全载流量

序号	标称截面/mm^2	线芯结构	载流量/A
1	1	1/1.13mm	16
2	1.5	1/1.37mm	20
3	2.5	1/1.76mm	27
4	4	1/2.24mm	36

续表

序号	标称截面/mm^2	线芯结构	载流量/A
5	6	1/2.73mm	47
6	10	7/1.33mm	64
7	16	7/1.7mm	90

注：暗敷装置的安全载流量是明敷时安全载流量的60%～70%。

3.10.2 绝缘导线的连接

日常中，由于电线长度限制及电路分支汇合，经常要对导线进行连接。

(1) 单股芯线直接连接，如图3-32所示：先将导线两端去除绝缘层后作X形相交，如图3-32(a)所示；互相绞合3匝后扳直，如图3-32(b)所示；两线端分别紧密向芯线上并绕5～6圈，多余线端剪去；钳平切口，如图3-32(c)所示。

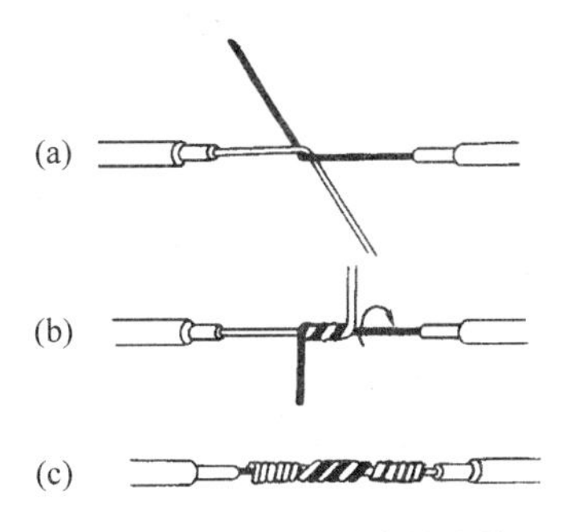

图3-32 单股芯线直接连接

(2) 单股芯线T形分支连接，如图3-33所示：支线端和干线端按图示去绝缘层后作十字相交，使支线芯线根部留出约3mm后向干线缠绕一圈，再环绕成结状，收紧线端向干线并绕5～6圈后钳平切口。

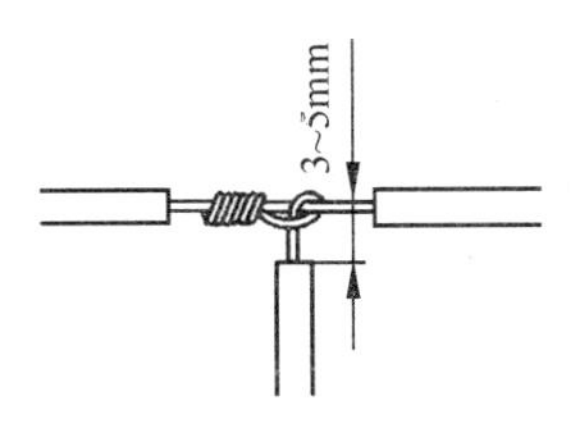

图3-33 单股芯线T形分支连接

(3) 绝缘层的恢复，如图3-34所示：从线头完整的绝缘层约2根带宽上开始包缠，绝缘带采用1/2迭包至另一端后在完整绝缘层上再包3～4圈。对绝缘导线包缠绝缘层时，必须先包黄蜡绸带(或涤纶薄膜带)，然后再包缠黑胶带。

3.10.3 导线连接的要求

导线的接头应牢固可靠，其接触电阻不应大于同截面、同类型、同长度导线的电阻值，档

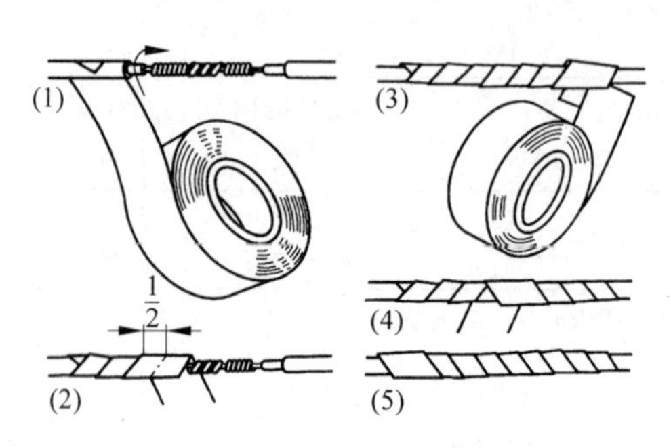

图 3-34 绝缘层的恢复

距内接头的机械强度不应小于导线抗拉强度的 90%。

3.10.4 考核要点

考核认识导线和选择导线；考核单股铜芯线的平接和 T 形分支连接的接线方法、绝缘层恢复方法。

3.10.5 操作过程

(1) 检查导线。
(2) 按图 3-32 至图 3-34 所示连接和包缠。

3.10.6 导线的连接考核

根据本小节学习内容进行导线连接考核训练；考核准备及教学流程如表 3-18 所示。

表 3-18 考核准备及教学流程

序号	考核准备及教学流程
1	准备本次考核所需要的器材、工具、电工仪表等
2	检查学生出勤情况；检查工作服、帽、鞋等是否符合安全操作要求
3	集中讲课，现场示范，讲述考核情况，布置本次实操考核作业
4	学生分组考核练习，教师巡回指导
5	教师逐一对学生进行考核评分
6	回顾考核情况，集中点评

1) 考核地点及考核器材

在“低压电工科目二《安全操作技术》”模拟考室进行考核；考核所需器材、工具、仪表等见“附录 D 实操考试卡及考核室设备零件配置——科目二”。

2) 考核评分

导线的连接考核评分表如表 3-19 所示。

表 3-19　导线的连接考核评分表

科目二：安全操作技术(时间：30 分钟，配分 40 分)

K25 导线的认识与连接

序号	考评项目	考评内容	配分	扣分原因	得分
3	导线连接	运行操作	24	1. 接线露铜处尺寸不均匀□　每处扣 2 分 2. 露铜处尺寸超标□　每处扣 2 分 3. 接线不规范□　每处扣 4 分 4. 绝缘包扎不规范□　每处扣 4 分	
		安全作业环境	8	1. 操作不文明、不规范□　扣 4 分 2. 工位不整洁□　扣 2 分	
		问答	8	1. 回答不正确□　每个扣 4 分 2. 回答不完整□　每个扣 2 分	
		否定项	接头连接不紧密□ 接头连接松动□		
		合　计	40	违反安全穿着、通电不成功、跳闸、熔断器烧毁、损坏设备、违反安全操作规范，本项目为 0 分并终止本项目考试	

CHAPTER 4

第4章

作业现场安全隐患排除

4.1 电工安全标识

4.1.1 标示牌

标示牌的分类：按用途分可分为禁止、警告和指令 3 类。

标示牌的用途是警告工作人员不得接近设备的带电部分，提醒工作人员在工作地点采取安全措施，以及禁止向某设备送电等。

1. 电工常用标示牌

电工常用标示牌如图 4-1 所示。

图 4-1 电工常用标示牌

2. 电工常用标示牌规格及悬挂处所

电工常用标示牌规格及悬挂处所如表 4-1 所示。

3. 电工安全标示举例

(1) 禁止类安全牌：白底红圈带斜线加图案。

(2) 警告类安全牌：三角形加图案。

(3) 指令类安全牌：蓝底圆圈加图案。

表 4-1 电工常用标示牌规格及悬挂处所

类型	文字内容	尺寸/mm×mm	式　样	悬 挂 处 所
禁止类	禁止合闸，有人工作	200×100 或 80×50	白底红字	一经合闸即可送电至施工设备的开关和刀闸的操作把手上
	禁止合闸，线路有人工作	200×100 或 80×50	红底白字	线路开关和刀闸的把手上
	禁止攀登，高压危险	250×200	白底红边黑字	工作人员上下的铁架，邻近可能上下的铁架上，运行中变压器的梯子上
警告类	止步，高压危险	250×250	白底红边黑字，有红色箭头	施工地点邻近带电设备的遮栏上；室外工作地点的围栏上；禁止通行的过道上，工作地点邻近带电设备的横梁上
指令类	在此工作	250×250	绿底，中间有直径210mm的白圆圈，圆圈内写黑字	室外和室内工作地点或施工设备上
	从此上下	250×250	绿底，中间有直径210mm的白圆圈，圆圈内写黑字	工作人员上下的铁架、梯子上

常用电工安全标示举例如表 4-2～表 4-4 所示。

表 4-2 电工安全标示举例(禁止类)

序号	牌　图	含　义	备注	序号	牌　图	含　义	备注
1		禁止合闸		5		禁止吸烟	
2		禁止启动		6		禁止触摸	
3		非专业电工禁止入内		7		禁止攀登	
4		禁止停留		8		禁止穿化纤衣服	

续表

序号	牌　图	含　义	备注	序号	牌　图	含　义	备注
9		禁止穿钉鞋		11		禁止蹦跳	
10		禁止翻越					

表 4-3　电工安全标示举例(警告类)

序号	牌　图	含　义	备注	序号	牌　图	含　义	备注
1		注意接地		5		当心电缆	
2		注意火灾		6		当心触电	
3		当心爆炸		7		注意安全	
4		当心碰头		8		当心机械伤人	

表 4-4　电工安全标示举例(指令类)

序号	牌　图	含　义	备注	序号	牌　图	含　义	备注
1		必须戴安全帽		3		必须穿防护鞋	
2		必须戴防护手套		4		必须戴护目镜	

续表

序号	牌　图	含　义	备注	序号	牌　图	含　义	备注
5	持证上岗	持证上岗		8		必须穿工作服	
6		必须戴口罩		9		必须戴防毒面具	
7		必须系安全带		10	安全出口 EXIT	安全出口	

4.1.2 电工安全标识考核

根据本小节学习内容进行电工安全标识考核训练；考核准备及教学流程如表4-5所示。

表4-5 考核准备及教学流程

序号	考核准备及教学流程
1	准备本次考核所需要的器材、工具、电工仪表等
2	检查学生出勤情况；检查工作服、帽、鞋等是否符合安全操作要求
3	集中讲课，现场示范，讲述考核情况，布置本次实操考核作业
4	学生分组考核练习，教师巡回指导
5	教师逐一对学生进行考核评分
6	回顾考核情况，集中点评

1）考核地点及考核器材

在“低压电工科目三《作业现场安全隐患排除》”模拟考室进行考核；考核所需器材、工具、仪表等见“附录D　实操考试卡及考核室设备零件配置——科目三”。

2）考核评分

电工安全标识考核评分表如表4-6所示。

表 4-6 电工安全标识考核评分表

科目三：作业现场安全隐患排除(时间：10 分钟,配分 20 分)

K31 判断作业现场存在的安全风险、职业危害

序号	考评项目	考评内容	配分	扣分原因	得分
4	判断作业现场存在的安全风险、职业危害	观察安全标识图片,明确作业任务或用电环境	10	写出标示的名称及用途(5 个) 错漏每处扣 2 分	
		判断安全风险和职业危害判断	10	写出视频、图片或作业现场存在的安全隐患或错误 错漏每处扣 2 分	
		合 计	20	违反安全穿着、违反安全操作规范,本项目为 0 分并终止本项目考试	

4.2 作业现场安全隐患排除实例

4.2.1 实例 1

1. 观察作业现场图片

观察作业现场图片如图 4-2 所示。

图 4-2 登高电气作业现场

2. 考核要点

图 4-2 是登高电气作业现场,分析图片(或视频)的作业任务及用电环境,分析现场存在的安全隐患,找出其中存在的安全风险及职业危害。

3. 口述内容

图 4-2 所示的违规作业及不安全因素主要有以下几点。

(1) 工作者没有穿长袖工作服,容易对皮肤产生伤害。

(2) 工作者登高作业没有系安全带和挂安全绳,容易造成高空坠落事故。

(3) 工作者没有戴安全帽,头顶杂物易碰伤头。

(4) 人字梯骑马式站立,极易因人字梯自动分开造成工伤;站在人字梯顶层工作较危险,极易坠落。

(5) 人字梯使用梯钉钉成,梯极易因不牢固而脱落造成高空坠落事故。

(6) 梯子没有使用搭钩也没有人扶梯。

4.2.2 实例 2

1. 观察作业现场图片

观察作业现场图片如图 4-3 所示。

图 4-3 焊接作业

2. 考核要点

图 4-3 所示是工人正在进行室内电焊作业现场,分析图片(或视频)的作业任务及用电环境,分析现场存在的安全隐患,找出其中存在的安全风险及职业危害。

3. 口述内容

图 4-3 所示的违规作业及不安全因素主要有以下几点。

(1) 没有戴焊工专用护目镜(遮光面罩),会对眼睛造成伤害。

(2) 工作者没穿焊工长袖工作服,容易对皮肤产生伤害。

(3) 没穿高温鞋,会伤脚。

(4) 没戴焊工手套,会伤手。

(5) 工作点有可燃物(焊接点旁边有一个打火机),会引发火灾。

(6) 在电焊工作周围没有灭火器材,一旦产生火灾无法扑救。

(7) 工作者嘴里叼着一根烟,不符合操作规范。

4. 电焊作业安全操作规程

(1) 在电焊场地周围应设置有灭火器材。

(2) 不准在堆有易燃、易爆物的场所进行焊接;必须在此场所焊接时,一定要相距5m以外,并做好安全防护措施。

(3) 与带电体要有相距1.5~3m的安全距离,禁止在带电器材上进行焊接。

(4) 禁止在具有气体、液体压力容器上进行焊接。

(5) 对密封或盛装物性质不明的容器不能焊接。

(6) 焊接需要局部照明应用12~36V安全灯,在金属容器内焊接时,必须有人监护。

(7) 必须戴防护遮光面罩,以防电弧灼伤眼睛。

(8) 必须穿戴工作服、工作鞋(或脚盖)和手套等防护用品,在潮湿环境中焊接时,要穿绝缘鞋。

(9) 电焊机外壳和接地线必须有良好的接地,焊钳的绝缘手柄必须完整无缺。

4.2.3 实例3

1. 观察作业现场图片

观察作业现场图片如图4-4所示。

(a) (b)

图4-4 带电更换熔断器

2. 考核要点

图4-4(a)所示是电工在操作高压跌落式熔断器现场(带电更换熔断器),图4-4(b)所示是一个电箱,分析图片(或视频)的作业任务及用电环境,分析现场存在的安全隐患,找出其中存在的安全风险及职业危害。

3. 口述内容

图4-4(a)所示的违规作业及不安全因素主要有以下几点。

(1) 监护人未戴安全帽。

(2) 监护人未穿工作服。

(3) 操作人所戴的手套不是高压绝缘手套。

(4) 操作人的安全帽未绑好,所有这些行为都有可能伤害身体。

(5) 操作人操作跌落式熔断器位置站得不正,给操作带来困难。

(6) 监护人对操作人站位不正不予纠正，没起到监护的作用。

(7) 图 4-4(b)所示存在电线乱拉乱接、裸露导线未包好、控制箱无盖、拉下负荷开关无挂牌等。

4.2.4　实例 4

1. 观察现场图片

观察作业现场图片如图 4-5 所示。

(a)

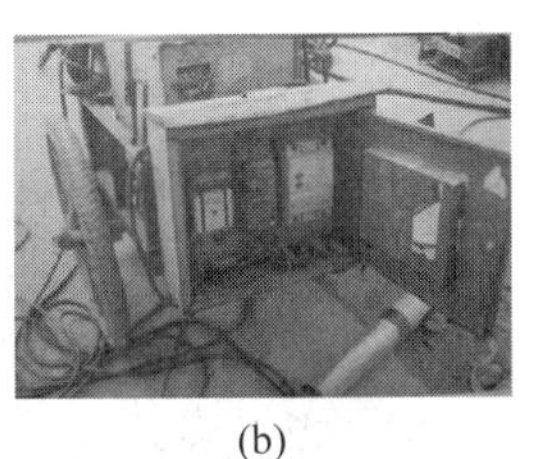
(b)

图 4-5　小推车上的总电源箱配电

2. 图 4-5(a)考核要点

图 4-5(a)所示是(置于小推车上的)总电源箱配电场景，分析图片(或视频)的作业任务及用电环境，分析现场存在的安全隐患，找出其中存在的安全风险及职业危害。

3. 图 4-5(a)口述内容

图 4-5(a)所示的不安全因素主要有以下几点。

(1) 电线乱拉乱接。

(2) 总开关前没有隔离开关，断电时无法做到至少一个明显的断开点。

(3) 后面的几个闸刀开关容量不够。

(4) 电源箱的金属外壳未接地。

(5) 电源箱未关上门。

(6) 电源箱内灰尘太多。

(7) 接地线安装不合理。

(8) 零线无法控制。

(9) 没有使用漏电保护开关。

4. 图 4-5(b)考核要点

图 4-5(b)所示是使一个用小推车拖动的临时移动电源场景，分析图片(或视频)的作业任务及用电环境，分析现场存在的安全隐患，找出其中存在的安全风险及职业危害。

5. 图 4-5(b)口述内容

图 4-5(b)所示的不安全因素主要有以下几点。

(1) 电缆乱拉乱接。

(2) 电源箱的金属外壳未接地。

(3) 临时电源中无接地线。

(4) 电源箱未关上门。

(5) 临时电源箱安装高度不够。

(6) 电线管未封口。

(7) 没有使用漏电保护开关。

4.2.5 实例 5

1. 观察现场图片

观察作业现场图片如图 4-6 所示。

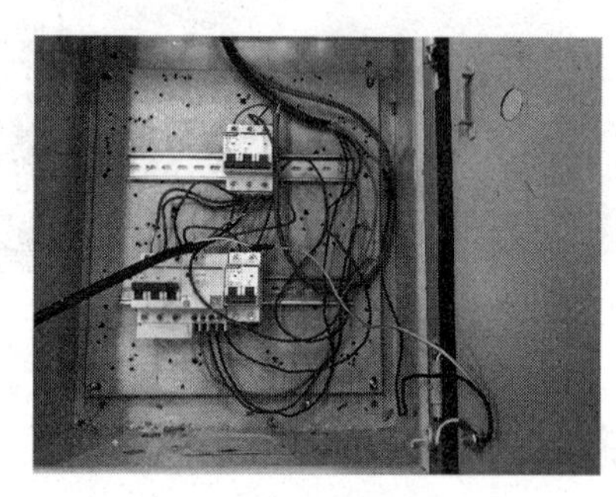

图 4-6 地线混用

2. 考核要点

图 4-6 所示是总电源箱配电场景,分析图片(或视频)的作业任务及用电环境,分析现场存在的安全隐患,找出其中存在的安全风险及职业危害。

3. 口述内容

图 4-6 所示的不安全因素主要有以下几点。

(1) 电线乱拉乱接。

(2) 电源入箱线未做保护,电线极易被铁皮割破。

(3) 错用一条黑线作接地线,应采用黄绿双色线。

(4) 裸露导线未用绝缘胶布包好。

(5) 电源箱未盖好,可能造成误碰带电体而触电。

(6) 总电源应采用三相四线漏电保护开关,而不是三相自动开关,使用黑色电缆供电的设备如出现漏电或人触电,将无法跳闸。

(7) 三相四线漏电保护开关黄色线裸露,未用绝缘胶布包好,如果脱落未装回,会使此开关缺相运行,烧坏设备。

(8) 电源箱右方的零线汇流排无法控制变为直通。

4.2.6 实例 6

1. 观察现场图片

观察作业现场图片如图 4-7 所示。

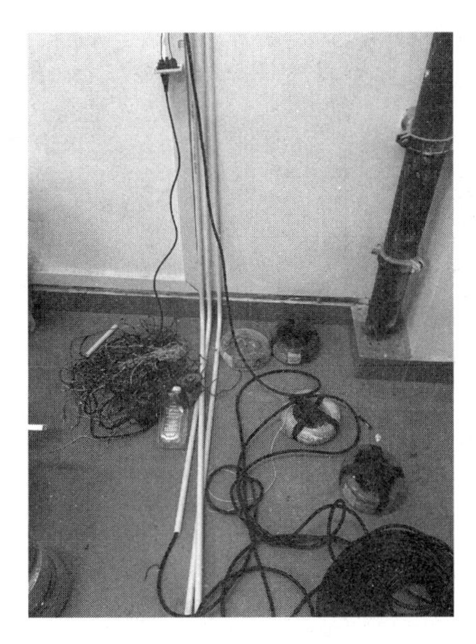

图 4-7 施工现场混乱

2. 考核要点

图 4-7 所示场景是采用难燃硬塑管布线，场面混乱，存在很多不安全因素。分析图片(或视频)的作业任务及用电环境，分析现场存在的安全隐患，找出其中存在的安全风险及职业危害。

3. 口述内容

图 4-7 所示的不安全因素主要有以下几点。

(1) 电缆乱拉乱接并且在地面上随意摆放，容易损坏绝缘造成触电及短路事故。

(2) 场地乱放杂物。

(3) 线管安装排列不合理，完全可以避免骑管。

(4) 在地上敷设线管宜采用机械强度较高的金属管。

(5) 电缆过长且成圈状，形成电感增加阻抗值，通电时增加线损发热量。

(6) 用电器放在地面上不安全。

(7) “当心火灾”标示牌应挂在墙上而不是放在地上。

(8) 插头无地线连接。

4.2.7 实例 7

1. 观察现场图片

观察作业现场图片如图 4-8 所示。

2. 考核要点

图 4-8 所示场景是强电电源线与弱电信号线混合集结箱，场面混乱。分析图片(或视频)的作业任务及用电环境，分析现场存在的安全隐患，找出其中存在的安全风险及职业危害。

图 4-8 强弱电混用

3. 口述内容

图 4-8 所示的不安全因素主要有以下几点。

(1) 电线乱拉乱接。

(2) 裸露导线未用绝缘胶布包好。

(3) 金属箱未做接地保护。

(4) 电器置于地上未正规安装。

(5) 电源箱未封盖。

(6) 导线穿过电源箱孔,未做包扎保护。

(7) 强电电源线与弱电信号线在同一箱体。

4.2.8 实例 8

1. 观察现场图片

观察作业现场图片如图 4-9 所示。

图 4-9 空调外挂机

2. 考核要点

图 4-9 所示是排气扇供电情景,分析图片(或视频)的作业任务及用电环境,分析现场存在的安全隐患,找出其中存在的安全风险及职业危害。

3. 口述内容

图 4-9 所示的不安全因素主要有以下几点。

(1) 电缆乱拉乱接。

(2) 电源盒损坏。

(3) 电线未入电源盒。

(4) 接地位置不正确,应接到排气扇专用接地端子上。

(5) 接地线不是黄绿双色线,容易混线产生事故。

(6) 电源盒右线圈反拧紧螺丝时导线易跑出,应改为顺时针方向,即与螺丝拧紧方向一致。

(7) 电缆外皮削得过多,降低对电线的保护作用,且未对电缆封口。

4.2.9 实例9

1. 观察现场图片

观察作业现场图片如图4-10所示。

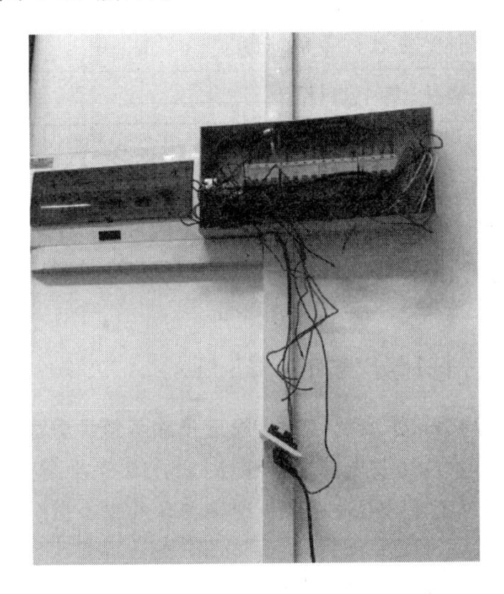

图4-10 悬挂插头

2. 考核要点

图4-10所示为配电箱悬挂插头情景,分析图片(或视频)的作业任务及用电环境,分析现场存在的安全隐患,找出其中存在的安全风险及职业危害。

3. 口述内容

图4-10所示的不安全因素主要有以下几点。

(1) 电缆、电线乱拉乱接。

(2) 电源盒损坏。

(3) 电线未入电源盒或线槽。

(4) 电缆外皮削得过多,降低对电线的保护作用。

(5) 开关插座面盖没有安装底盒并且没有固定安装。

(6) 开关插座面盖没有接地线。

(7) 导线接头未做处理，线头裸露，容易漏电造成触电等事故。

4.2.10 作业现场安全隐患排除考核

根据本小节学习内容进行作业现场安全隐患排除考核训练；考核准备及教学流程如表 4-7 所示。

表 4-7 考核准备及教学流程

序号	考核准备及教学流程
1	准备本次考核所需要的器材、工具、电工仪表等
2	检查学生出勤情况；检查工作服、帽、鞋等是否符合安全操作要求
3	集中讲课，现场示范，讲述考核情况，布置本次实操考核作业
4	学生分组考核练习，教师巡回指导
5	教师逐一对学生进行考核评分
6	回顾考核情况，集中点评

1) 考核地点及考核器材

在“低压电工科目三《作业现场安全隐患排除》”模拟考室进行考核；考核所需器材、工具、仪表等见“附录 D 实操考试卡及考核室设备零件配置——科目三”。

2) 考核评分

作业现场安全隐患排除考核评分表如表 4-8 所示。

表 4-8 作业现场安全隐患排除考核评分表

科目三：作业现场安全隐患排除(时间：10 分钟，配分 20 分)

K32 结合实际工作任务，排除作业现场存在的安全风险和职业危害

序号	考 评 项 目	考评内容	配分	扣 分 原 因	得分
4	结合实际工作任务，排除作业现场存在的安全风险、职业危害	个人安全意识	4	根据作业任务，做好个人防护□ 错漏每处扣 2 分	
		风险排除	6	1. 观察作业现场、排除作业现场存在的安全风险□ 每少排除一个扣 3 分 2. 未检查防护用品、未正确佩戴安全用具□ 扣 6 分 3. 未排除项会影响操作时人身和设备的安全隐患□ 扣 6 分	
		安全操作	10	1. 未按安全操作规程操作□ 扣 10 分 2. 操作不熟练、不完整□ 扣 5 分	
		合 计	20	违反安全穿着、违反安全操作规范，本项目为 0 分并终止本项目考试	

CHAPTER 5

第5章

作业现场应急处置

5.1 触电事故现场的应急处置

5.1.1 低压触电

低压触电的断电应急程序：发现有人触电，首先要尽快使触电者脱离电源，然后根据触电情况采取相应的急救措施。低压触电时，使触电者脱离电源的方法如下。

(1) 迅速拉开就近的电源开关，如图 5-1 所示。

(2) 拔掉电源插头，如图 5-1 所示。

(3) 用带绝缘护套的钢丝钳剪断电源侧电线，如图 5-2 所示；剪断电线要分相，逐根剪断。

图 5-1 拉开电源

图 5-2 切断电源

(4) 用装有干燥木柄的工具砍断电源侧电线。

(5) 如果低压带电导线断落在触电人身上，可用干燥木棍、竹竿等非导电物体将电线挑开，注意不要将电线挑到他人或者救护人身上，如图 5-3 所示。

图 5-3 挑开电线

(6) 站在绝缘垫或干燥的木板上抓住触电人干燥且不贴身的衣服将其拉开，如图 5-4 所示。

(7) 戴上绝缘手套或用干燥的衣、帽等物将一只手包裹起来,抓住触电人干燥且不贴身的衣服将其拉开,如图 5-5 所示;注意不能用两只手去拉触电人,不能触及触电人的皮肤,不能拉触电人的脚,以防救护人再触电。

图 5-4 拉离电源

图 5-5 戴手套拉离电源

5.1.2 高压触电

高压触电时,使触电者脱离电源的方法如下。

(1) 若有人在高压设备上触电时,应迅速断开线路电源开关,或通知有关部门停电。

(2) 如果有人在高压架空线上触电,又不能立即断开线路电源开关时,可采用抛挂短路线方法,先将截面积为 25mm^2 软裸短路线的一端与大地连接,另一端系上重物将短路线抛在带电导线上,造成相间短路,促使电源开关跳闸。在抛挂短路线时,救护人员不能站在带电导线下方,以防电弧伤人或导线断落危及人身安全。

5.1.3 使触电者脱离电源时的注意事项

(1) 救人时要确保自身安全、防止自己触电,必须使用恰当的绝缘工具,而不能使用金属或潮湿物件作救护工具,并且尽可能单手操作。

(2) 触电时,由于电流的作用使肌肉痉挛,触电者的手会紧紧握住带电体,因此不能直接扳开触电者的手,电源一旦切断,没有电流作用,手可能会松开而使人摔倒或高空坠落,要做好防摔措施;高空触电者脱离电源后会因痉挛解除而坠落,因此切断电源的同时应做好防止触电者坠落摔伤的措施,如清理地下杂物、在地上垫软物或张开安全网等。

(3) 在夜晚发生触电事故时,应考虑切断电源后的临时照明(如手电筒、火炬),以利于救护。

(4) 高压触电时不能用干燥木棍、竹竿去拨开高压线,应与高压带电体保持足够的安全距离,防止跨步电压触电。

5.1.4 触电事故现场的应急处理考核

根据本小节学习内容进行触电事故现场的应急处理考核训练;考核准备及教学流程如表 5-1 所示。

表 5-1 考核准备及教学流程

序号	考核准备及教学流程
1	准备本次考核所需要的器材、工具、电工仪表等
2	检查学生出勤情况；检查工作服、帽、鞋等是否符合安全操作要求
3	集中讲课，现场示范，讲述考核情况，布置本次实操考核作业
4	学生分组考核练习，教师巡回指导
5	教师逐一对学生进行考核评分
6	回顾考核情况，集中点评

1）考核地点及考核器材

在“低压电工科目四《作业现场应急处置》”模拟考室进行考核；考核所需器材、工具、仪表等见“附录D 实操考试卡及考核室设备零件配置——科目四”。

2）考核评分

触电事故现场的应急处理考核评分表如表5-2所示。

表 5-2 触电事故现场的应急处理考核评分表

科目四：作业现场应急处置(时间：10分钟，配分20分)

K41 触电事故现场的应急处理

<table>
<tr><th>序号</th><th>考评项目</th><th>考评内容</th><th>配分</th><th colspan="2">扣分原因</th><th>得分</th></tr>
<tr><td rowspan="4">5</td><td rowspan="4">触电事故现场的应急处理</td><td>低压触电的脱电方法</td><td>10</td><td>口述低压触电使触电者脱离电源方法不完整□
口述注意事项不合适或不完整□</td><td>每个扣2分
每个扣2分</td><td></td></tr>
<tr><td>高压触电的脱电方法</td><td>10</td><td>口述高压触电使触电者脱离电源方法不完整□
口述注意事项不合适或不完整□</td><td>每个扣2分
每个扣2分</td><td></td></tr>
<tr><td>否定项</td><td colspan="2">口述高、低压触电脱离电源方法不正确□</td><td>扣20分</td><td></td></tr>
<tr><td>合　计</td><td>20</td><td colspan="2">违反安全穿着、违反安全操作规范，本项目为0分并终止本项目考试</td><td></td></tr>
</table>

5.2 单人徒手心肺复苏操作

5.2.1 操作步骤

(1) 切断电源，疏散围观群众，拨打急救电话。

(2) 把触电者抬到通风透气处，舒适平躺，轻拍触电者肩部，大声呼叫触电者，进行意识判断，如图5-6所示。

(3) 摆正体位，宽衣解皮带。

(4) 畅通气道：清理口腔异物，摘除假牙，抬头仰额，如图5-7所示。

图 5-6 意识判断

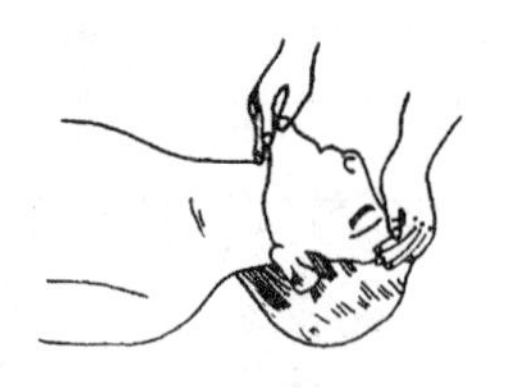
图 5-7 抬头仰额

5.2.2 真假死判断

真假死判断(试、听、看),如图 5-8 所示。

(1) 试：试鼻孔呼吸,触摸颈动脉(5～10s)。

(2) 听：听呼吸、心跳声。

(3) 看：看胸部起伏。

(模拟)结论：触电者无呼吸、无心跳。

(a) 试鼻孔呼吸

(b) 触摸颈动脉

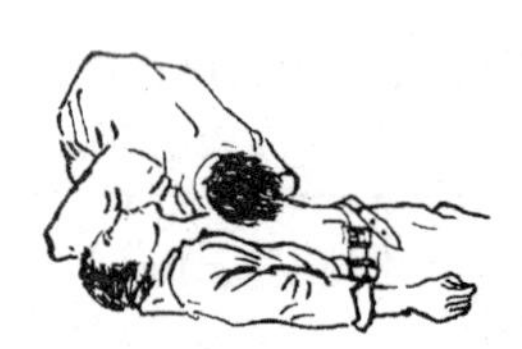
(c) 听呼吸、心跳声

(d) 看胸部起伏

图 5-8 真假死判断

(4) 看瞳孔有无放大,如图 5-9 所示；看手脚关节有无僵硬、身体有无出现尸斑。

(模拟)结论：触电者无呼吸、无心跳的假死现状(只有医护人员才能判断触电者是否死亡)。

正常

瞳孔放大

图 5-9 看瞳孔

5.2.3 胸外按压

胸外按压方法如图 5-10 所示。

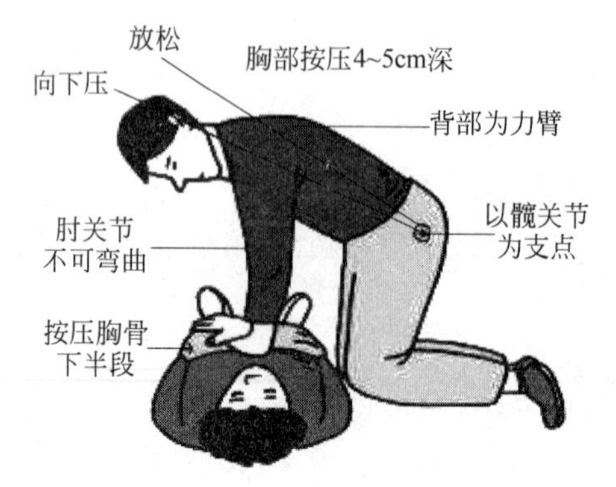

图 5-10 胸外按压方法

(1) 找对位置,掌根重叠,手指上翘,身体垂直,如图 5-11 所示。

(2) 按压频率 100 次/min,按压幅度 4～5cm。

(3) 按压时间 15～18s(或按压 30 次)。

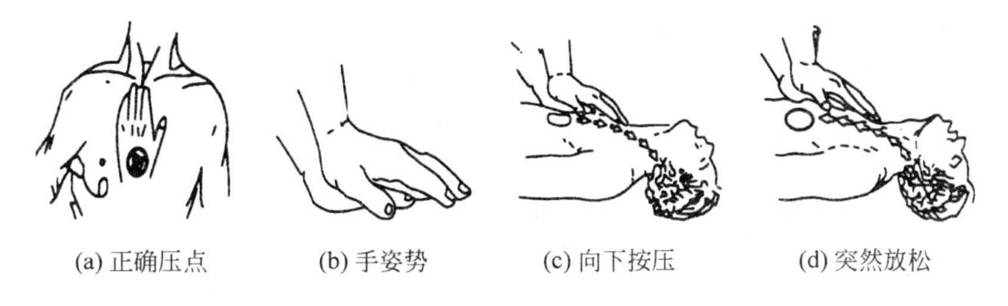

图 5-11　胸外按压的位置及方法

5.2.4　人工呼吸

(1) 捏鼻孔、深呼吸、吹气 2s。

(2) 松鼻孔 3s,同时观察胸口起伏,如图 5-12 所示。

(3) 重复上述动作两次。

循环 5 次后判断有无自主呼吸、心跳,观察双侧瞳孔。急救一直持续到医护人员到达现场或触电者恢复知觉;触电者苏醒后仍需在医院医学监护 24h。

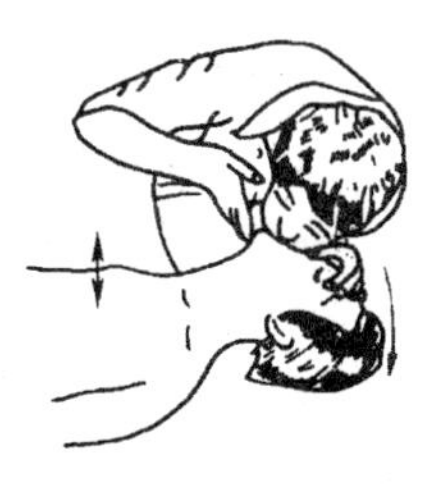

图 5-12　人工呼吸

5.2.5　单人徒手心肺复苏操作考核

根据本小节学习内容进行单人徒手心肺复苏操作考核训练;考核准备及教学流程如表 5-3 所示。

表 5-3　考核准备及教学流程

序号	考核准备及教学流程
1	准备本次考核所需要的器材、工具、电工仪表等
2	检查学生出勤情况;检查工作服、帽、鞋等是否符合安全操作要求
3	集中讲课,现场示范,讲述考核情况,布置本次实操考核作业
4	学生分组考核练习,教师巡回指导
5	教师逐一对学生进行考核评分
6	回顾考核情况,集中点评

1) 考核地点及考核器材

在"低压电工科目四《作业现场应急处置》"模拟考室进行考核;考核所需器材、工具、仪表等见"附录 D　实操考试卡及考核室设备零件配置——科目四"。

2）考核评分

单人徒手心肺复苏操作考核评分表如表5-4所示。

表 5-4　单人徒手心肺复苏操作考核评分表

科目四：作业现场应急处置(时间：10分钟，配分20分)

K42 单人徒手心肺复苏操作

序号	考评项目	考评内容		配分	扣分原因	得分
5	单人徒手心肺复苏操作步骤	救治前处理	判断意识	1	先拍患者肩部，大声呼叫患者□　扣1分	
			呼救	1	不呼救、未宽衣解带、未摆体位或体位不正确，任何一项不正确□　扣1分	
			判断颈动脉脉搏	2	位置不对□　扣1分	
			判断呼吸	1	没判断或判断不正确□　扣2分	
			畅通气道	1	未清理口腔或未侧头清理、未摘掉假牙□　扣2分	
			打开气道	1	未打开气道、头部过度后仰或程度不够□　扣2分	
		胸外按压	定位	2	位置偏离或定位方法不正确□　扣2分	
			按压	5	1. 节律不均匀、一次循环小于15s或大于18s、按压幅度小于5cm任一项目不正确□　扣5分 2. 动作欠标准□　扣3分	
		人工呼吸	吹气	5	1. 吹气时未捏鼻孔或放气时不松鼻孔□　每次扣1分 2. 未观察胸口起伏□　每次扣1分 3. 动作欠标准□　扣3分	
		整体质量判定有效指征		1	未完成5个循环，未判断自主呼吸、心跳、观察瞳孔□　扣1分	
		合　计		20	违反安全穿着、违反安全操作规范，本项目为0分并终止本项目考试	

5.3　灭火器的选用和使用

5.3.1　电气设备引起火灾的常见原因

电气设备引起火灾的原因包括：短路，过负荷，接触电阻热，电火花和电弧，照明灯具、电热元件、电热工具的表面热等。要根据导致火灾隐患的情况进行安全检查，采取相应的措施来避免火灾事故的发生，做到将事故消灭在萌芽状态，确保生命和财产的安全。当初期火灾发生时，要采取合适的措施进行灭火。

5.3.2　灭火器灭火常识

发现电气设备着火时，首先要设法切断电源，切断电源时要注意以下事项。

(1) 火灾发生后，由于受潮或烟熏，开关设备绝缘能力降低，拉闸时最好用绝缘工具操作。

(2) 切断高压电源应先操作断路器后再断隔离开关的电源，切断低压交流接触器后再断闸刀开关，以免产生电弧。

(3) 切断电源要选择适当的范围，以防切断电源后影响灭火工作。

(4) 剪断电线时，相的电线应在不同部位剪断，以免造成短路；剪断架空电线时，剪断位置应选择在电源方向的支持物附近，防止电线切断落下来造成接地短路和触电事故。

(5) 电气设备发生火灾时，切断电源后，应选用二氧化碳、干粉灭火器进行灭火，未停电时不得使用泡沫灭火器和水灭火。

5.3.3　带电灭火安全要求

应按灭火器和电气设备起火的特点正确选用适当的灭火器。常用灭火器有二氧化碳灭火器、干粉灭火器、泡沫灭火器，如图 5-13 所示。

(a) 二氧化碳灭火器

(b) 干粉灭火器

(c) 泡沫灭火器

图 5-13　常用灭火器

1. 二氧化碳灭火器

灭火器装的是二氧化碳灭火剂，二氧化碳灭火剂平时以液态形式储存于灭火器中，其主要依靠窒息作用和部分冷却作用灭火，当它从灭火器中喷出时，突然减压，一部分二氧化碳绝热膨胀、汽化，吸收大量热，使另一部分二氧化碳迅速冷却成固体雪花状二氧化碳（“干冰”）；干冰温度为－78.5℃，喷向着火处时，立即汽化，起到稀释氧浓度作用；由于汽化吸热又起冷却作用；而且大量二氧化碳气笼罩在燃烧区周围，可起隔离燃烧物与空气的作用而灭火。

1) 适用范围

二氧化碳灭火器用于图书馆、博物馆、档案室、贵重设备、精密仪器、电气设备 600V 以下的场所，用于扑救电器、精密仪器、电子设备火灾；不能扑灭钾、钠、镁、铝等轻金属火灾；也不适用于扑救某些能在惰性介质中燃烧的硝化纤维、含氧炸药等发生的火灾。

2) 特点

不导电，无杂质，不留痕迹，无腐蚀损坏，用于 600V 以下电气设备带电灭火；也可用于扑救电气设备和部分忌水性物质的火灾，灭火后不留痕。

二氧化碳是一种窒息性气体，灭火浓度高，抗复燃能力差，故灭火级别低。室内灭火时要注意防止窒息，因为空气中二氧化碳浓度为 5%时人会感到呼吸困难，10%时人会死亡。

3）二氧化碳灭火器的使用方法

(1) 将灭火器提至离火点5～6m处，选择上风方向，如图5-14(a)所示。

(2) 戴上防冻手套，去除铅封，拔出保险销，如图5-14(b)所示。

(3) 一手扳转喷射喇叭筒并对准燃烧物，如图5-14(c)所示。

(4) 另一只手提起灭火器并压下压把，对准火源进行喷射灭火，如图5-14(d)所示。

(a)

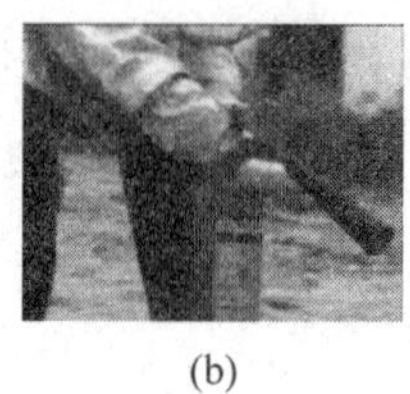
(b)

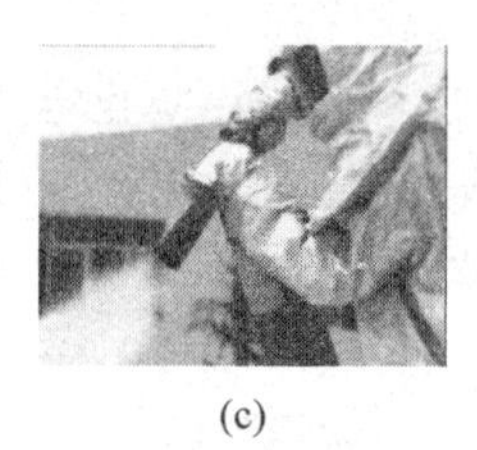
(c)

(d)

图5-14 二氧化碳灭火器的使用

4）使用注意事项

(1) 使用时要先检查灭火器是否有效。

(2) 二氧化碳灭火器使用时要戴上防冻手套，防止冻伤。

(3) 室内灭火时需要戴上空气呼吸器，灭火完毕后要及时通风，以防窒息。

2. 干粉灭火器

干粉灭火器是目前使用最普及的灭火器，有两种类型：一种是碳酸氢钠干粉灭火器，又叫BC类干粉灭火器，用于扑灭液体、气体火灾；另一种是磷酸铵盐干粉灭火器，又叫ABC类干粉灭火器，可扑灭固体、液体、气体火灾，应用范围较广。干粉灭火器充装的是干粉灭火剂，干粉灭火剂的粉雾与火焰接触、混合时发生一系列物理化学作用，适合对有焰燃烧及表面进行灭火。

1）适用范围

干粉灭火器用于扑灭油类、可燃气体、油漆、有机溶剂、50kV以下电气设备火灾，包括加油站、汽车库、实验室、变配电室、煤气站、液化气站、油库、船舶、车辆、飞机场、工矿企业及公共建筑等场所，但不适用于旋转电动机的火灾。

2）特点

高效，经济便宜，适用温度范围广，化学性质比较稳定，无毒，不腐蚀，不导电，易于长期储存。

但干粉喷射会形成粉雾，在密闭室内喷射会遮住视线、影响呼吸，且灭火后留有残渣；干粉的冷却作用比较弱。

3）干粉灭火器的使用方法

(1) 提：将灭火器提至离火点5～6m处，选择上风方向，如图5-15(a)所示。

(2) 拔：上下摇晃几下，去除铅封，拔出保险销，如图5-15(b)所示。

(3) 瞄：一只手握住喷射软管的喷嘴并瞄准燃烧物，另一只手握住提把，如图5-15(c)所示。

(4) 按：用力按下压把，对准火源根部进行喷射灭火(使用过程中不能将灭火器颠倒或横卧)，如图5-15(d)所示。

(a)
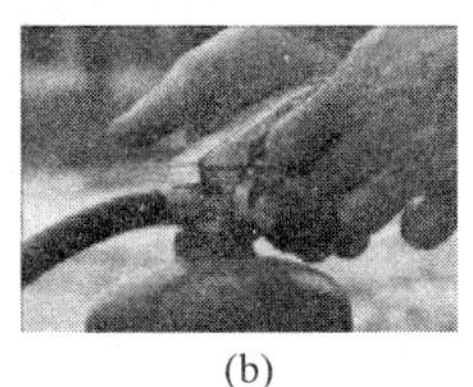
(b)
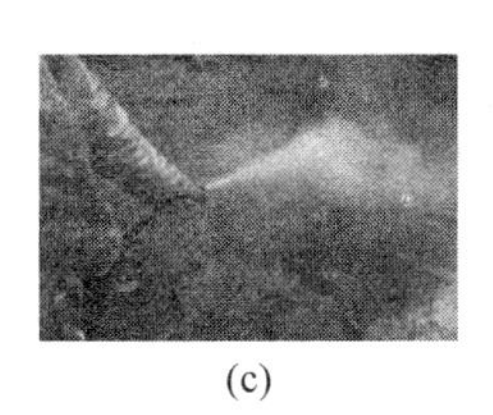
(c)

(d)

图 5-15 干粉灭火器的使用

4) 使用注意事项

(1) 使用干粉灭火器时，要先检查灭火器是否有效；要在离火场 5～6m 远处，干粉灭火器竖立在地上，除去灭火器头上的铅；拔出保险销；一只手握紧喷嘴胶管将喷嘴对准火焰的根部，另一只手按下压把，干粉灭火器喷粉应由近到远向前平推，左右横扫。

(2) 干粉灭火器应挂在通风干燥的地方，存放环境温度为－100～＋450℃；不能曝晒，各连接件要拧紧，并将喷嘴的橡胶塞塞好，防止干粉受潮结冰。

(3) 一般干粉灭火器的有效期为 5 年，且每年要年检一次。

3. 泡沫灭火器

泡沫灭火器充装的是水和泡沫灭火剂，可分为化学泡沫灭火器和空气泡沫灭火器，目前化学泡沫灭火器已被空气泡沫灭火器代替。泡沫灭火器灭火时能喷射出大量泡沫，它们能粘附在可燃物上，使可燃物与空气隔绝，同时降低温度，破坏燃烧条件，起到隔离和窒息作用，从而达到灭火的目的。

1) 适用范围

泡沫灭火器主要适用于扑救各种油类火灾(如汽油、煤油、植物油、动物油脂等引起的火灾)；也用于扑救木材、纤维、橡胶、竹器、纸张、棉麻等固体可燃物初起的火灾。泡沫灭火器喷出的灭火剂泡沫中包含有大量的水分，有导电性，导致使用者触电，因此不宜用于带电灭火。

2) 特点

洁净环保，灭火时无毒、无味、无粉尘等残留物，不会对环境造成次生污染，不破坏大气臭氧层；使用方便，在灭火过程中喷射出的水雾能见度高，能够降低火场中的烟气含量和毒性，有利于人员疏散和消防人员灭火；但灭火后很难处理现场。

3) 泡沫灭火器的使用方法

(1) 将灭火器提至离火点 5～6m 处，选择上风方向，如图 5-16(a)所示。

(2) 去除铅封，拔出保险销，如图 5-16(b)所示。

(3) 一只手握住喷射软管的喷嘴并对准燃烧物，另一只手握住提把，如图 5-16(c)所示。

(4) 用力按下压把，对准火源根部进行喷射灭火(使用过程中不能将灭火器颠倒或横卧)，如图 5-16(d)所示。

4) 使用注意事项

(1) 使用时要先检查灭火器是否有效。

(2) 在距离火源 5m 左右时，倒置泡沫灭火器，均匀摇晃后，一只手抓筒耳，另一只手抓筒底边缘，把喷嘴朝向火源喷射，并不断前进，兜围着火焰喷射，直至把火扑灭。灭火后，把灭火器卧放在地上，喷嘴朝下。

(a)

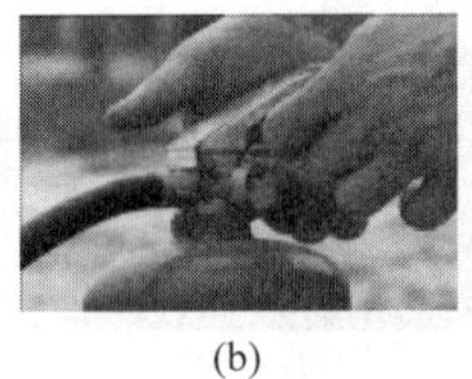
(b)

(c)

(d)

图 5-16　泡沫灭火器的使用

5.3.4　灭火器的选用和使用考核评分

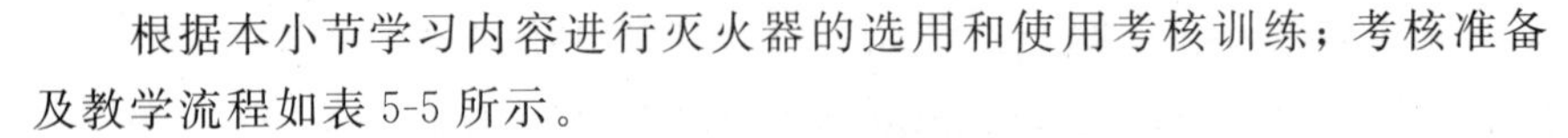

根据本小节学习内容进行灭火器的选用和使用考核训练；考核准备及教学流程如表 5-5 所示。

表 5-5　考核准备及教学流程

序号	考核准备及教学流程
1	准备本次考核所需要的器材、工具、电工仪表等
2	检查学生出勤情况；检查工作服、帽、鞋等是否符合安全操作要求
3	集中讲课，现场示范，讲述考核情况，布置本次实操考核作业
4	学生分组考核练习，教师巡回指导
5	教师逐一对学生进行考核评分
6	回顾考核情况，集中点评

1）考核地点及考核器材

在“低压电工科目四《作业现场应急处置》”模拟考室进行考核；考核所需器材、工具、仪表等见“附录 D　实操考试卡及考核室设备零件配置——科目四”。

2）考核评分

灭火器的选用和使用考核评分表如表 5-6 所示。

表 5-6　灭火器的选用和使用考核评分表

科目四：作业现场应急处置(时间：10 分钟，配分 20 分)

K43 灭火器的选用和使用

序号	考评项目	考评内容	配分	扣分原因	得分
5	灭火器的选用和使用	电器引起火灾常见原因	4	口述四个原因□　错漏每项扣 1 分	
		灭火器检查	6	未检查灭火器□　漏每项扣 1 分	
		火情判断	5	1. 未能正确选用灭火器□　扣 5 分 2. 不能一次选对灭火器或行动迟缓□　扣 2 分	
		灭火操作	5	1. 违反使用注意事项□　错漏每项扣 1 分 2. 不拔插销□　扣 5 分 3. 动作不迅速□　扣 2 分	
		合　计	20	违反安全穿着、违反安全操作规范，本项目为 0 分并终止本项目考试	

CHAPTER 6

第6章

电工上岗证理论考试及复审题目精选

电工上岗证理论考核包括100题,其中判断题70题、单项选择题30题,每题1分,合计100分,80分及格。

考试时间为120分钟。考试题目由计算机随机抽取,全部题目要求在计算机上作答,由计算机自动计算得分。

电工上岗证复审只进行理论考核,包括100题,其中判断题70题、单项选择题30题,每题1分,合计100分,80分及格。

6.1 电工基础知识

一、单项选择题

1. 安培定则也叫( )。
   A. 左手定则　　B. 右手定则　　C. 右手螺旋法则
2. 按国际和我国标准,( )线只能用作保护接地线或保护接零线。
   A. 黑色　　B. 蓝色　　C. 黄绿双色
3. 保护线(接地线或接零线)的颜色按标准应采用( )。
   A. 红色　　B. 蓝色　　C. 黄绿双色
4. 带电体的工作电压越高,要求其间的空气距离( )。
   A. 越大　　B. 一样　　C. 越小
5. 电磁力的大小与导体的有效长度成( )。
   A. 正比　　B. 反比　　C. 不变
6. 电动势的方向是( )。
   A. 从负极指向正极　　B. 从正极指向负极
   C. 与电压方向相同
7. 电流表的符号是( )。
   A. A　　B. B　　C. C
8. 电气火灾的引发是由于危险温度的存在,危险温度的引发主要是由于( )。
   A. 设备负载轻　　B. 电压波动　　C. 电流过大

9. 电气火灾发生时，应先切断电源再扑救，但不知或不清楚开关在何处时，应剪断电线，剪断时要(　　)。

A. 不同相线在不同位置剪断

B. 几根线迅速同时剪断

C. 在同一位置一根一根地剪断

10. 对于低压配电网，配电容量在100kW以下时，设备保护接地的接地电阻不应超过(　　)Ω。

A. 10　　B. 6　　C. 4

11. 对于夜间影响飞机或车辆通行的在建机械设备上安装的红色信号灯，其电源设在总开关的(　　)。

A. 前侧　　B. 后侧　　C. 左侧

12. 感应电流的方向总是使感应电流的磁场阻碍引起感应电流的磁通的变化，这一定律称为(　　)。

A. 法拉第定律　　B. 特斯拉定律　　C. 楞次定律

13. 根据线路电压等级和用户对象，电力线路可分为配电线路和(　　)线路。

A. 照明　　B. 动力　　C. 送电

14. 固定电源或移动式发电机供电的移动式机械设备，应与供电电源的(　　)有金属性。

A. 外壳　　B. 零线　　C. 接地装置

15. 合上电源开关，熔丝立即烧断，则线路(　　)。

A. 短路　　B. 漏电　　C. 电压太高

16. 建筑施工工地的用电机械设备(　　)安装漏电保护装置。

A. 不应　　B. 应　　C. 没规定

17. 交流10kV母线电压是指交流三相三线制的(　　)。

A. 相电压　　B. 线电压　　C. 线路电压

18. 交流电路中电流比电压滞后90°，该电路属于(　　)电路。

A. 纯电阻　　B. 纯电感　　C. 纯电容

19. 静电防护的措施比较多，下面常用又行之有效的可消除设备外壳静电的方法是(　　)。

A. 接地　　B. 接零　　C. 串接

20. 静电现象是十分普遍的电现象，(　　)是它的最大危害。

A. 对人体放电，直接置人于死地　　B. 高电压击穿绝缘

C. 易引发火灾

21. 静电引起爆炸和火灾的条件之一是(　　)。

A. 有爆炸性混合物存在　　B. 静电能量要足够大

C. 有足够的温度

22. 绝缘材料的耐热等级为E级时，其极限工作温度为(　　)℃。

A. 90　　B. 105　　C. 120

23. 拉开闸刀时，如果出现电弧，应(　　)。

A. 迅速拉开　　B. 立即合闸　　C. 缓慢拉开

24. 雷电流产生的(　　)电压和跨步电压可直接使人触电死亡。

A. 感应　　B. 接触　　C. 直击

25. 每一照明(包括风扇)支路总容量一般不大于(　　)kW。

A. 2　　B. 3　　C. 4

26. 某相电压 220V 的三相四线系统中,工作接地电阻 $R_n = 2.8\Omega$,系统中用电设备采取接地保护方式,接地电阻为 $R_a = 3.6\Omega$,如有设备漏电,故障排除前漏电设备对地电压为(　　)V。

A. 34.375　　B. 123.75　　C. 96.25

27. 确定正弦量的三要素为(　　)。

A. 相位、初相位、相位差　　B. 幅值、频率、初相角

C. 周期、频率、角频率

28. 三相交流电路中,A 相用(　　)颜色标记。

A. 黄色　　B. 红色　　C. 绿色

29. 三相四线制的零线的截面积一般(　　)相线截面积。

A. 大于　　B. 小于　　C. 等于

30. 碳在自然界中有金刚石和石墨两种存在形式,其中石墨是(　　)。

A. 绝缘体　　B. 导体　　C. 半导体

31. 通电线圈产生的磁场方向不但与电流方向有关,而且还与线圈(　　)有关。

A. 长度　　B. 绕向　　C. 体积

32. 图示的电路中,在开关 S_1 和 S_2 都合上后,可触摸的是(　　)。

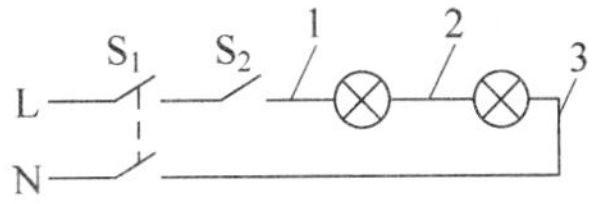

A. 第 2 段　　B. 第 3 段　　C. 无

33. 我们使用的照明电压为 220V,这个值是交流电的(　　)。

A. 最大值　　B. 有效值　　C. 恒定值

34. 下列材料不能作为导线使用的是(　　)。

A. 铜绞线　　B. 钢绞线　　C. 铝绞线

35. 下列材料中,导电性能最好的是(　　)。

A. 铝　　B. 铜　　C. 铁

36. 下列说法中,不正确的是(　　)。

A. 规定小磁针的北极所指的方向是磁力线的方向

B. 交流发电机是应用电磁感应的原理发电的

C. 交流电每交变一周所需的时间叫作周期 T

D. 正弦交流电的周期与角频率的关系互为倒数

37. 下列说法中,不正确的是(　　)。

A. 黄绿双色的导线只能用于保护线

B. 按规范要求,穿管绝缘导线用铜芯线时,截面积不得小于 $1mm^2$

C. 在电压低于额定值的一定比例后能自动断电的称为欠压保护

38. 下列说法中,不正确的是(　　)。

A. 雷雨天气,即使在室内也不要修理家中的电气线路、开关、插座等。如果一定要修必须把家中电源总开关拉开

B. 防雷装置应沿建筑物的外墙敷设,并经最短途径接地,如有特殊要求可以暗设

C. 雷击产生的高电压可对电气装置和建筑物及其他设施造成毁坏,电力设施或电力线路遭破坏可能导致大规模停电

D. 对于容易产生静电的场所,应保持地面潮湿,或者铺设导电性能较好的地板

39. 下列说法中,不正确的是(　　)。

A. 旋转电气设备着火时不宜用干粉灭火器灭火

B. 当电气火灾发生时,如果无法切断电源,就只能带电灭火,并选择干粉或者二氧化碳灭火器,尽量少用水基灭火器

C. 在带电灭火时,如果用喷雾水枪应将水枪喷嘴接地,并穿上绝缘靴和戴上绝缘手套,才可进行灭火操作

D. 当电气火灾发生时首先应迅速切断电源,在无法切断电源的情况下,应迅速选择干粉、二氧化碳灭火器等不导电的灭火器材进行灭火

40. 下面(　　)属于顺磁性材料。

A. 水　　B. 铜　　C. 空气

参考答案

1. C	2. C	3. C	4. A	5. A
6. B	7. A	8. C	9. A	10. A
11. A	12. C	13. C	14. C	15. A
16. B	17. B	18. B	19. A	20. C
21. A	22. C	23. A	24. B	25. B
26. B	27. B	28. A	29. B	30. B
31. B	32. B	33. B	34. B	35. B
36. D	37. C	38. A	39. B	40. C

二、判断题

1. 绝缘材料就是指绝对不导电的材料。(　　)

2. 绝缘老化只是一种化学变化。(　　)

3. 可以用相线碰地线的方法检查地线是否接地良好。(　　)

4. 两相触电危险性比单相触电小。(　　)

5. 欧姆定律指出,在一个闭合电路中,当导体温度不变时,通过导体的电流与加在导体两端的电压成反比,与其电阻成正比。(　　)

6. 若磁场中各点的磁感应强度大小相同,则该磁场为均匀磁场。(　　)

7. 视在功率就是无功功率加上有功功率。(　　)

8. 水和金属比较,水的导电性能更好。(　　)

9. 脱离电源后,如果触电者神志清醒,应让触电者来回走动,加强血液循环。(　　)

10. 在磁路中,当磁阻大小不变时,磁通与磁动势成反比。(　　)

11. 在设备运行中发生起火的原因,电流热量是间接原因,而火花或电弧则是直接原因。(　　)

12. 直流电弧的烧伤较交流电弧烧伤严重。(　　)

13. 220V 交流电压的最大值为 380V。(　　)

14. 30～40Hz 的电流危险性最大。(　　)

15. 爆炸危险场所,应采用三相四线制、单相三线制方式供电。(　　)

16. 测量交流电路的有功电能时,因是交流电,故其电压线圈、电流线圈和各两个端可任意接在线路上。(　　)

17. 当接通灯泡后,零线上就有电流,人体就不能再触碰零线了。(　　)

18. 电动势的正方向规定为从低电位指向高电位,所以测量时电压表应正极接电源负极而电压表负极接电源的正极。(　　)

19. 电气控制系统图包括电气原理图和电气安装图。(　　)

20. 电压的方向是由高电位指向低电位,是电位升高的方向。(　　)

21. 二氧化碳灭火器带电灭火只适用于 600V 以下的线路,如果是 10kV 或者 35kV 线路,如要带电灭火只能选择干粉灭火器。(　　)

22. 符号“A”表示交流电源。(　　)

23. 根据用电性质,电力线路可分为动力线路和配电线路。(　　)

24. 规定小磁针北极所指的方向是磁力线的方向。(　　)

25. 过载是指线路中的电流大于线路的计算电流或允许载流量。(　　)

26. 交流电每交变一周所需的时间叫作周期 T。(　　)

27. 静电现象是很普遍的电现象,其危害不小,固体静电可达 200kV 以上,人体静电也可达 10kV 以上。(　　)

28. 绝缘体被击穿时的电压称为击穿电压。(　　)

29. 雷击产生的高电压和耀眼的光芒可对电气装置和建筑物及其他设施造成毁坏,电力设施或电力线路遭破坏可能导致大规模停电。(　　)

30. 电气设备缺陷、设计不合理、安装不当等都是引发火灾的重要原因。(　　)

31. 事故照明不允许和其他照明共用同一线路。(　　)

32. 特殊场所暗装的插座安装高度不应低于 1.5m。(　　)

33. 我国正弦交流电的频率为 50Hz。(　　)

34. 一般情况下,接地电网的单相触电比不接地电网的危险性小。(　　)

35. 右手定则是判定直导体做切割磁力线运动时所产生的感生电流方向。(　　)

36. 载流导体在磁场中一定受到磁场力的作用。(　　)

37. 在串联电路中,电流处处相等。(　　)

38. 在串联电路中,电路总电压等于各电阻的分电压之和。(　　)

39. 在电气原理图中,当触点图形垂直放置时,以“左开右闭”原则绘制。(　　)

40. 在没有用验电器验电前,线路应视为有电。(　　)

41. 在三相交流电路中,负载为三角形接法时,其相电压等于三相电源的线电压。(　　)

42. 在三相交流电路中,负载为星形接法时,其相电压等于三相电源的线电压。(　　)

43. 在直流电路中,常用棕色标示正极。(　　)

44. 正弦交流电的周期与角频率的关系互为倒数。(　　)

45. 直流电流表可以用于交流电路测量。(　　)

46. 并联电路中各支路上的电流不一定相等。(　　)

47. 磁力线是一种闭合曲线。(　　)

48. 当采用安全特低电压作直接电击防护时，应选用25V及以下的安全电压。(　　)

49. 当导体温度不变时，通过导体的电流与导体两端的电压成正比，与其电阻成反比。(　　)

50. 当静电的放电火花能量足够大时，能引起火灾和爆炸事故，在生产过程中静电还会妨碍生产和降低产品质量等。(　　)

参考答案

1. ×	2. ×	3. ×	4. ×	5. ×
6. ×	7. ×	8. ×	9. ×	10. ×
11. ×	12. ×	13. ×	14. ×	15. ×
16. ×	17. ×	18. ×	19. √	20. ×
21. √	22. ×	23. ×	24. √	25. √
26. √	27. √	28. √	29. ×	30. √
31. √	32. √	33. √	34. ×	35. √
36. ×	37. √	38. √	39. √	40. √
41. √	42. ×	43. √	44. ×	45. ×
46. √	47. √	48. √	49. √	50. √

6.2 安全规范

一、单项选择题

1. GB/T 3805—2008《特低电压(ELV)限值》规定，在正常环境下，正常工作时工频电压有效值的限值为(　　)V。

A. 33　　B. 70　　C. 50

2. “禁止合闸，有人工作”的标志牌应制作为(　　)。

A. 红底白字　　B. 白底红字　　C. 白底绿字

3. “禁止攀登，高压危险”的标志牌应制作为(　　)。

A. 红底白字　　B. 白底红字　　C. 白底红边黑字

4.《安全生产法》规定，任何单位或者(　　)对事故隐患或者安全生产违法行为，均有权向负有安全生产监督管理职责的部门报告或者举报。

A. 职工　　B. 个人　　C. 管理人员

5.《安全生产法》立法的目的是为了加强安全生产工作，防止和减少(　　)，保障人民群众生命和财产安全，促进经济发展。

A. 生产安全事故　　B. 火灾、交通事故　　C. 重大、特大事故

6. 用于电气作业书面依据的工作票应一式(　　)份。

A. 2　　B. 3　　C. 4

7. 500V低压配电柜灭火可选用的灭火器是(　　)。

A. 泡沫灭火器　　B. 二氧化碳灭火器

C. 水基灭火器

8. 实际发生的事故中，70%以上的事故都与(　　)有关。

A. 技术水平　　B. 人的情绪　　C. 人为过失

9. 带电灭火时，如用二氧化碳灭火器的机体和喷嘴距 10kV 以下高压带电体不得小于(　　)m。

A. 0.4　　B. 0.7　　C. 1

10. 当车间发生电气火灾时，应首先切断电源，切断电源的方法是(　　)。

A. 拉开刀开关

B. 拉开断路器或者磁力开关

C. 报告负责人，请求切断总电源

11. 当低压电气火灾发生时，首先应做的是(　　)。

A. 迅速离开现场去报告领导

B. 迅速设法切断电源

C. 迅速用干粉灭火器或者二氧化碳灭火器灭火

12. 当电气火灾发生时，应首先切断电源再灭火，但当电源无法切断时，只能带电灭火，500V 低压配电柜灭火可选用的灭火器是(　　)。

A. 泡沫灭火器

B. 二氧化碳灭火器

C. 水基灭火器

13. 当电气设备发生接地故障，接地电流通过接地体向大地流散，若人在接地短路点周围行走，其两脚间的电位差引起的触电叫(　　)触电。

A. 单相　　B. 跨步电压　　C. 感应电

14. 电业安全工作规程上规定，对地电压为(　　)V 及以下的设备为低压设备。

A. 400　　B. 380　　C. 250

15. 对颜色有较高区别要求的场所，宜采用(　　)。

A. 彩灯　　B. 白炽灯　　C. 紫色灯

16. 根据《电能质量供电电压允许偏差》规定，10kV 及以下三相供电电压允许偏差为额定电压的(　　)。

A. ±5%　　B. ±7%　　C. ±10%

17. 工作人员在 10kV 及以下电气设备上工作时，正常活动范围与带电设备的安全距离为(　　)m。

A. 0.2　　B. 0.35　　C. 0.5

18. 国家标准规定凡(　　)kW 以上的电动机均采用三角形接法。

A. 3　　B. 4　　C. 7.5

19. 国家规定了(　　)个作业类别为特种作业。

A. 20　　B. 15　　C. 11

20. 生产经营单位的主要负责人在本单位发生重大生产安全事故后逃匿的，由(　　)处 15 日以下拘留。

A. 检察机关　　B. 公安机关　　C. 安全生产监督管理部门

21. 特别潮湿的场所应采用(　　)V的安全特低电压。

A. 42　　B. 24　　C. 12

22. 特低电压限值是指在任何条件下,任意两导体之间出现的(　　)电压值。

A. 最小　　B. 最大　　C. 中间

23. 特种作业人员必须年满(　　)周岁。

A. 19　　B. 18　　C. 20

24. 特种作业人员未按规定经专门的安全作业培训并取得相应资格,上岗作业的,责令生产经营单位(　　)。

A. 限期改正　　B. 罚款　　C. 停产停业整顿

25. 特种作业人员在操作证有效期内,连续从事本工种10年以上,无违法行为,经考核发证机关同意,操作证复审时间可延长至(　　)年。

A. 6　　B. 4　　C. 10

26. 下列说法中,不正确的是(　　)。

A. 电业安全工作规程中,安全技术措施包括工作票制度、工作许可制度、工作监护制度、工作间断转移和终结制度

B. 停电作业安全措施按安保作用依据安全措施分为预见性措施和防护措施

C. 验电是保证电气作业安全的技术措施之一

D. 挂登高板时,应钩口向外并且向上

27. 以下说法中,错误的是(　　)。

A.《安全生产法》第二十七条规定:生产经营单位的特种作业人员必须按照国家有关规定经专门的安全作业培训,取得相应资格,方可上岗作业

B.《安全生产法》所说的"负有安全生产监督管理职责的部门"就是指各级安全生产监督管理部门

C. 企业、事业单位的职工无特种作业操作证从事特种作业,属违章作业

D. 特种作业人员未经专门的安全作业培训,未取得相应资格,上岗作业导致事故的,应追究生产经营单位有关人员的责任

28. 以下说法中,错误的是(　　)。

A. 电工应严格按照操作规程进行作业

B. 日常电气设备的维护和保养需由设备管理人员负责

C. 电工应做好用电人员在特殊场所作业的监护

D. 电工作业分为高压电工、低压电工和防爆电

参考答案

1. A	2. B	3. C	4. B	5. A
6. A	7. B	8. C	9. A	10. B
11. B	12. B	13. B	14. C	15. B
16. B	17. B	18. B	19. C	20. B
21. C	22. B	23. B	24. A	25. A
26. A	27. B	28. B		

二、判断题

1. 据部分省市统计,农村触电事故要少于城市的触电事故。(　　)

2. 取得高级电工证的人员就可以从事电工作业。(　　)

3. 特种作业操作证每一年由考核发证部门复审一次。(　　)

4. 为了避免静电火花造成爆炸事故,凡在加工、运输、储存等各种易燃液体、气体时,设备都要分别隔离。(　　)

5. 在爆炸危险场所,应采用三相四线制、单相三线制方式供电。(　　)

6.《安全生产法》所说的“负有安全生产监督管理职责的部门”就是指各级安全生产监督管理部门。(　　)

7. 当电气火灾发生时,如果无法切断电源,就只能带电灭火,并选择干粉灭火器或者二氧化碳灭火器,尽量少用水基灭火器。(　　)

8. 当电气火灾发生时首先应迅速切断电源,在无法切断电源的情况下,应迅速选择干粉、二氧化碳等不导电的灭火器材进行灭火。(　　)

9. 电工特种作业人员应当具备高中或相当于高中以上文化程度。(　　)

10. 电工作业分为高压电工和低压电工。(　　)

11. 电业安全工作规程中,安全组织措施包括停电、验电、装设接地线、悬挂标示牌和装设遮栏等。(　　)

12. 对于容易产生静电的场所,应保持环境湿度在70% RH以上。(　　)

13. 雷电时,应禁止在屋外高空检修、试验和屋内验电等作业。(　　)

14. 雷雨天气,即使在室内也不要修理家中的电气线路、开关、插座等。如果一定要修,必须把家中电源总开关拉开。(　　)

15. 企业、事业单位的职工无特种作业操作证从事特种作业,属违章作业。(　　)

16. 企业、事业单位使用未取得相应资格的人员从事特种作业的,发生重大伤亡事故,处三年以下有期徒刑或者拘役。(　　)

17. 日常生活中,在与易燃、易爆物接触时要引起注意:有些介质是比较容易产生静电乃至引发火灾爆炸的。如在加油站,不可用金属桶等盛油。(　　)

18. 特种作业人员必须年满20周岁,且不超过国家法定退休年龄。(　　)

19. 特种作业人员未经专门的安全作业培训,未取得相应资格,上岗作业导致事故的,应追究生产经营单位有关人员的责任。(　　)

20. 停电作业安全措施按安保作用依据安全措施分为预见性措施和防护措施。(　　)

21. 为了防止电气火花、电弧等引燃爆炸物,应选用防爆电气级别和温度组别与环境相适应的防爆电气设备。(　　)

22. 旋转电气设备着火时不宜用干粉灭火器灭火。(　　)

23. 验电是保证电气作业安全的技术措施之一。(　　)

24. 有美尼尔氏综合征的人不得从事电工作业。(　　)

25. 在安全色标中用红色表示禁止、停止或消防。(　　)

26. 在安全色标中用绿色表示安全、通过、允许、工作。(　　)

参考答案

1. ×	2. ×	3. ×	4. ×	5. ×
6. ×	7. ×	8. √	9. ×	10. ×
11. ×	12. ×	13. √	14. ×	15. √
16. √	17. ×	18. ×	19. √	20. √
21. √	22. √	23. √	24. √	25. √
26. √				

6.3 安全用具

一、单项选择题

1. 一般照明线路中,判断无电的依据是(　　)。
   A. 用摇表测量　　B. 用验电笔验电　　C. 用电流表测量
2. (　　)可用于操作高压跌落式熔断器、单极隔离开关及装设临时接地线等。
   A. 绝缘手套　　B. 绝缘鞋　　C. 绝缘棒
3. (　　)是保证电气作业安全的技术措施之一。
   A. 工作票制度　　B. 验电　　C. 工作许可制度
4. (　　)是登杆作业时必备的保护用具,无论用登高板或脚扣都要用其配合使用。
   A. 安全带　　B. 梯子　　C. 手套
5. Ⅱ类工具的绝缘电阻要求最小为(　　)MΩ。
   A. 5　　B. 7　　C. 9
6. Ⅱ类手持电动工具是带有(　　)绝缘的设备。
   A. 防护　　B. 基本　　C. 双重
7. Ⅰ类电动工具的绝缘电阻要求不低于(　　)MΩ。
   A. 1　　B. 2　　C. 3
8. 保险绳的使用应(　　)。
   A. 高挂低用　　B. 低挂调用　　C. 保证安全
9. 带“回”字符号标志的手持电动工具是(　　)工具。
   A. Ⅰ类　　B. Ⅱ类　　C. Ⅲ类
10. 登杆前,应对脚扣进行(　　)。
    A. 人体载荷冲击试验
    B. 人体静载荷试验
    C. 人体载荷拉伸试验
11. 低压带电作业时,(　　)。
    A. 既要戴绝缘手套,又要有人监护
    B. 戴绝缘手套,不要有人监护
    C. 有人监护,不必戴绝缘手套
12. 电烙铁用于(　　)导线接头等。
    A. 锡焊　　B. 铜焊　　C. 铁焊

13. 高压验电器的发光电压不应高于额定电压的(　　)%。

A. 50　　B. 25　　C. 75

14. 更换和检修用电设备时,最好的安全措施是(　　)。

A. 切断电源

B. 站在凳子上操作

C. 戴橡胶手套操作

15. 尖嘴钳 150mm 是指(　　)。

A. 其总长度为 150mm

B. 其绝缘手柄为 150mm

C. 其开口 150mm

16. 绝缘安全用具分为(　　)安全用具和辅助安全用具。

A. 直接　　B. 间接　　C. 基本

17. 绝缘手套属于(　　)安全用具。

A. 直接　　B. 辅助　　C. 基本

18. 运输液化气、石油等的槽车在行驶时,在槽车底部应采用金属链条或导电橡胶使之与大地接触,其目的是(　　)。

A. 使槽车与大地等电位

B. 中和槽车行驶中产生的静电荷

C. 泄漏槽车行驶中产生的静电荷

19. 螺钉旋具的规格是以柄部外面的杆身长度和(　　)表示。

A. 半径　　B. 厚度　　C. 直径

20. 使用剥线钳时应选用比导线直径(　　)的刃口。

A. 稍大　　B. 相同　　C. 较大

21. 使用竹梯时,梯子与地面的夹角以(　　)为宜。

A. 60°　　B. 50°　　C. 70°

22. 手持电动工具按触电保护方式分为(　　)类。

A. 2　　B. 3　　C. 4

23. 下列说法中,不正确的是(　　)。

A. 剥线钳是用来剥削小导线头部表面绝缘层的专用工具

B. 手持电动工具有两种分类方式,即按工作电压分类和按防潮程度分类

C. 多用螺钉旋具的规格是以它的全长(手柄加旋杆)表示

24. 用喷雾水枪可带电灭火,但为安全起见,灭火人员要戴绝缘手套、穿绝缘靴,还要求水枪头(　　)。

A. 接地

B. 必须是塑料制成

C. 不能是金属制成的

25. 在狭窄场所如锅炉、金属容器、管道内作业时应使用(　　)工具。

A. Ⅱ类　　B. Ⅰ类　　C. Ⅲ类

26. 在一般场所,为保证使用安全,应选用(　　)电动工具。

A. Ⅰ类　　B. Ⅱ类　　C. Ⅲ类

参考答案

1. B	2. C	3. B	4. A	5. B
6. C	7. B	8. A	9. B	10. A
11. A	12. A	13. B	14. A	15. A
16. C	17. B	18. C	19. C	20. A
21. A	22. B	23. B	24. A	25. C
26. B				

二、判断题

1. 使用竹梯作业时,梯子放置与地面以50°左右夹角为宜。(　　)

2. 手持电动工具有两种分类方式,即按工作电压分类和按防潮程度分类。(　　)

3. 手持式电动工具接线可以随意加长。(　　)

4. Ⅱ类设备和Ⅲ类设备都要采取接地或接零措施。(　　)

5. 剥线钳是用来剥削小导线头部表面绝缘层的专用工具。(　　)

6. 电工刀的手柄是无绝缘保护的,不能在带电导线或器材上剖切,以免触电。(　　)

7. 多用螺钉旋具的规格是以它的全长(手柄加旋杆)表示。(　　)

8. 挂登高板时,应钩口向外并且向上。(　　)

9. 使用脚扣进行登杆作业时,上、下杆的每一步必须使脚扣环完全套入并可靠地扣住电杆,才能移动身体,否则会造成事故。(　　)

10. 使用手持式电动工具应当检查电源开关是否失灵、是否破损、是否牢固,接线不得松动。(　　)

11. 一号电工刀比二号电工刀的刀柄长度长。(　　)

12. 在带电灭火时,如果用喷雾水枪,应将水枪喷嘴接地,并穿上绝缘靴、戴上绝缘手套,才可进行灭火操作。(　　)

13. 在带电维修线路时,应站在绝缘垫上。(　　)

14. 遮栏是为防止工作人员无意碰到带电设备部分而装设的屏护,分临时遮栏和常设遮栏两种。(　　)

15. Ⅱ类手持电动工具比Ⅰ类工具安全可靠。(　　)

16. Ⅲ类电动工具的工作电压不超过50V。(　　)

17. 常用绝缘安全防护用具有绝缘手套、绝缘靴、绝缘隔板、绝缘垫、绝缘站台等。(　　)

18. 电工钳、电工刀、螺钉旋具是常用电工基本工具。(　　)

参考答案

1. ×	2. ×	3. ×	4. ×	5. √
6. √	7. √	8. √	9. √	10. √
11. √	12. √	13. √	14. √	15. √
16. √	17. √	18. √		

6.4 电子技术

一、单项选择题

1. PN结两端加正向电压时，其正向电阻(　　)。
   A. 小　　B. 大　　C. 不变
2. 标有"100Ω 4W"和"100Ω 36W"的两个电阻串联，允许加的最高电压是(　　)V。
   A. 20　　B. 40　　C. 60
3. 并联电力电容器的作用是(　　)。
   A. 降低功率因数　　B. 提高功率因数　　C. 维持电流
4. 并联电容器的连接应采用(　　)连接。
   A. 三角形　　B. 星形　　C. 矩形
5. 串联电路中各电阻两端电压的关系是(　　)。
   A. 阻值越小两端电压越高
   B. 各电阻两端电压相等
   C. 阻值越大两端电压越高
6. 纯电容元件在电路中(　　)电能。
   A. 储存　　B. 分配　　C. 消耗
7. 单极型半导体器件是(　　)。
   A. 二极管　　B. 双极性二极管　　C. 场效应管
8. 当电压为5V时，导体的电阻值为5Ω，那么当电阻两端电压为2V时，电阻值为(　　)Ω。
   A. 10　　B. 5　　C. 2
9. 当发现电容器有损伤或缺陷时，应该(　　)。
   A. 自行修理　　B. 送回修理　　C. 丢弃
10. 电容量的单位是(　　)。
    A. 法　　B. 乏　　C. 安时
11. 电容器测量之前必须(　　)。
    A. 擦拭干净　　B. 充满电　　C. 充分放电
12. 电容器的功率属于(　　)。
    A. 有功功率　　B. 无功功率　　C. 视在功率
13. 电容器可用万用表(　　)挡进行检查。
    A. 电压　　B. 电流　　C. 电阻
14. 电容器属于(　　)设备。
    A. 危险　　B. 运动　　C. 静止
15. 电容器在用万用表检查时指针摆动后应该(　　)。
    A. 保持不动　　B. 逐渐回摆　　C. 来回摆动
16. 电容器组禁止(　　)。
    A. 带电合闸　　B. 带电荷合闸　　C. 停电合闸

17. 二极管的导电特性是(　　)导电。

A. 单向　　B. 双向　　C. 三向

18. 二极管的图形符号是(　　)。

A. 　　B. 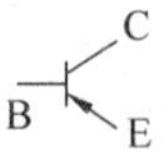　　C.

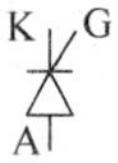

19. 凡是电容量在 160kV·A 以上的高压供电用户,月平均功率因数标准为(　　)。

A. 0.8　　B. 0.85　　C. 0.9

20. 防静电的接地电阻要求不大于(　　)Ω。

A. 10　　B. 40　　C. 100

21. 连接电容器的导线的长期允许电流不应小于电容器额定电流的(　　)。

A. 110%　　B. 120%　　C. 130%

22. 三个阻值相等的电阻串联时的总电阻是并联时总电阻的(　　)倍。

A. 6　　B. 9　　C. 3

23. 三极管超过(　　)时,必定会损坏。

A. 集电极最大允许电流 I_{cm}

B. 管子的电流放大倍数

C. 集电极最大允许耗散功率 P_{cm}

24. 为了检查可以短时停电,在触及电容器前必须(　　)。

A. 充分放电　　B. 长时间停电　　C. 冷却之后

25. 稳压二极管的正常工作状态是(　　)。

A. 截止状态　　B. 导通状态　　C. 反向击穿状态

26. 我们平时所称的瓷瓶,在电工专业中称为(　　)。

A. 隔离体　　B. 绝缘瓶　　C. 绝缘子

27. 锡焊晶体管等弱电元件应用(　　)W 的电烙铁为宜。

A. 25　　B. 75　　C. 100

28. 下列说法中,正确的是(　　)。

A. 右手定则是判定直导体做切割磁力线运动时所产生的感生电流方向

B. PN 结正向导通时,其内外电场方向一致

C. 无论在任何情况下,三极管都具有电流放大功能

D. 二极管只要工作在反向击穿区,一定会被击穿

29. 下列说法中,正确的是(　　)。

A. 符号“A”表示交流电源

B. 电解电容器的电工符号是

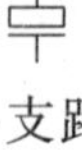

C. 并联电路的总电压等于各支路电压之和

D. 220V 的交流电压的最大值为 380V

30. 下图的电工元件符号中属于电容器的电工符号是(　　)。

A. 　　B. 　　C.

参考答案

1. A	2. B	3. B	4. C	5. C
6. A	7. C	8. B	9. B	10. A
11. C	12. B	13. C	14. C	15. B
16. B	17. A	18. A	19. C	20. C
21. C	22. B	23. C	24. A	25. C
26. C	27. A	28. A	29. B	30. A

二、判断题

1. 电容器运行时,如果检查发现温度过高,应加强通风。(　　)
2. 无论在任何情况下,三极管都具有电流放大功能。(　　)
3. 锡焊晶体管等弱电元件应用 100W 的电烙铁。(　　)
4. PN 结正向导通时,其内外电场方向一致。(　　)
5. 并联补偿电容器主要用在直流电路中。(　　)
6. 并联电路的总电压等于各支路电压之和。(　　)
7. 并联电容器所接的线停电后,必须断开电容器组。(　　)
8. 并联电容器有减少电压损失的作用。(　　)
9. 补偿电容器的容量越大越好。(　　)
10. 当电容器爆炸时,应立即检查。(　　)
11. 电容器的容量就是电容量。(　　)
12. 电容器放电的方法就是将其两端用导线连接。(　　)
13. 电容器室内应有良好的天然采光。(　　)
14. 二极管只要工作在反向击穿区,一定会被击穿。(　　)
15. 几个电阻并联后的总电阻等于各并联电阻的倒数之和。(　　)

参考答案

1. ×	2. ×	3. ×	4. ×	5. ×
6. ×	7. √	8. √	9. ×	10. ×
11. ×	12. ×	13. ×	14. ×	15. ×

6.5 电工仪表

一、单项选择题

1. (　　)仪表的灵敏度和精确度较高,多用来制作携带式电压表和电流表。

   A. 磁电式　　B. 电磁式　　C. 电动式

2. (　　)仪表可直接用于交、直流测量,但精确度低。

   A. 磁电式　　B. 电磁式　　C. 电动式

3. (　　)仪表可直接用于交、直流测量,且精确度高。

   A. 磁电式　　B. 电磁式　　C. 电动式

4. (　　)仪表由固定的线圈、可转动的线圈及转轴、游丝、指针、机械调零机构等组成。

A. 电磁式　　　　B. 磁电式　　　　C. 电动式

5. (　　)仪表由固定的永久磁铁、可转动的线圈及转轴、游丝、指针、机械调零机构等组成。

A. 电磁式　　　　B. 磁电式　　　　C. 感应式

6. 钳形电流表测量电流时,可以在(　　)电路的情况下进行。

A. 短接　　　　B. 断开　　　　C. 不断开

7. 按照计数方法,电工仪表主要分为指针式仪表和(　　)式仪表。

A. 电动　　　　B. 比较　　　　C. 数字

8. 测量电动机线圈对地的绝缘电阻时,摇表的“L”“E”两个接线柱应(　　)。

A. “E”接电动机出线的端子,“L”接电动机的外壳

B. “L”接电动机出线的端子,“E”接电动机的外壳

C. 随便接,没有规定

9. 测量电压时,电压表应与被测电路(　　)。

A. 串联　　　　B. 并联　　　　C. 正接

10. 测量接地电阻时,电位探针应接在距接地端(　　)m 的地方。

A. 5　　　　B. 20　　　　C. 40

11. 接地电阻测量仪是测量(　　)的装置。

A. 直流电阻　　　　B. 绝缘电阻　　　　C. 接地电阻

12. 接地电阻测量仪主要由手摇发电机、(　　)、电位器,以及检流计组成。

A. 电压互感器　　　　B. 电流互感器　　　　C. 变压器

13. 指针式万用表一般可以测量交直流电压、(　　)电流和电阻。

A. 交流　　　　B. 交直流　　　　C. 直流

14. 钳形电流表使用时应先用较大量程,然后再视被测电流的大小变换量程。切换量程时应(　　)。

A. 直接转动量程开关

B. 先退出导线,再转动量程开关

C. 一边进线一边换挡

15. 钳形电流表是利用(　　)的原理制造的。

A. 电流互感器　　　　B. 电压互感器　　　　C. 变压器

16. 钳形电流表由电流互感器和带(　　)的磁电式表头组成。

A. 测量电路　　　　B. 整流装置　　　　C. 指针

17. 万用表电压量程 2.5V 是当指针指在(　　)位置时电压值为 2.5V。

A. 满量程　　　　B. 1/2 量程　　　　C. 2/3 量程

18. 万用表实质是一个带有整流器的(　　)仪表。

A. 磁电式　　　　B. 电磁式　　　　C. 电动式

19. 万用表由表头、(　　)及转换开关三个主要部分组成。

A. 线圈　　　　B. 测量电路　　　　C. 指针

20. 线路或设备的绝缘电阻的测量是用(　　)测量。

A. 万用表的电阻挡　　　　B. 兆欧表

C. 接地摇表

21. 选择电压表时，其内阻应(　　)被测负载的电阻为好。

A. 远小于　　B. 远大于　　C. 等于

22. 摇表的两个主要组成部分是手摇(　　)和磁电式流比计。

A. 电流互感器　　B. 直流发电机　　C. 交流发电机

23. 以下说法中，不正确的是(　　)。

A. 直流电流表可以用于交流电路测量

B. 电压表内阻越大越好

C. 钳形电流表可做成既能测交流电流，也能测直流电流

D. 使用万用表测量电阻，每换一次欧姆挡都要进行欧姆调零

24. 以下说法中，正确的是(　　)。

A. 不可用万用表欧姆挡直接测量微安表、检流计或电池的内阻

B. 摇表在使用前，无须先检查摇表是否完好，可直接对被测设备进行绝缘测量

C. 电度表是专门用来测量设备功率的装置

D. 所有电桥均是测量直流电阻的

25. 用万用表测量电阻时，黑表笔应接表内电源的(　　)。

A. 两极　　B. 负极　　C. 正极

26. 用摇表测量电阻的单位是(　　)。

A. 千欧　　B. 欧姆　　C. 兆欧

参考答案

1. A	2. B	3. C	4. C	5. B
6. C	7. C	8. B	9. B	10. B
11. C	12. B	13. C	14. B	15. A
16. B	17. A	18. A	19. B	20. B
21. B	22. B	23. A	24. A	25. C
26. C				

二、判断题

1. 接地电阻测试仪就是测量线路的绝缘电阻的仪器。(　　)
2. 使用万用表电阻挡能够测量变压器的线圈电阻。(　　)
3. 使用兆欧表前不必切断被测设备的电源。(　　)
4. 万用表使用后，转换开关可置于任意位置。(　　)
5. 摇表在使用前，无须先检查摇表是否完好，可直接对被测设备进行绝缘测量。(　　)
6. 用钳表测量电动机空转电流时，不需要挡位变换即可直接进行测量。(　　)
7. 用钳表测量电动机空转电流时，可直接用小电流挡一次测量出来。(　　)
8. 电流的大小用电流表来测量，测量时将其并联在电路中。(　　)
9. 电压的大小用电压表来测量，测量时将其串联在电路中。(　　)
10. 交流钳形电流表可测量交直流电流。(　　)
11. 接地电阻表主要由手摇发电机、电流互感器、电位器以及检流计组成。(　　)
12. 钳形电流表可做成既能测交流电流，也能测直流电流。(　　)

13. 使用万用表测量电阻,每换一次欧姆挡都要进行欧姆调零。(　　)

14. 万用表在测量电阻时,指针指在刻度盘中间最准确。(　　)

15. 吸收比是用兆欧表测定的。(　　)

16. 摇测大容量设备吸收比是测量60s时的绝缘电阻与15s时的绝缘电阻之比。(　　)

17. 用钳表测量电流时,应尽量将导线置于钳口铁芯中间,以减少测量误差。(　　)

18. 用万用表$R\times1k$欧姆挡测量二极管时,红表笔接一只脚,黑表笔接另一只脚测得的电阻值为几百欧姆,反向测量时电阻值很大,则该二极管是好的。(　　)

19. 电压表在测量时,量程要大于等于被测线路电压。(　　)

20. 测量电动机的对地绝缘电阻和相间绝缘电阻常使用兆欧表,而不宜使用万用表。(　　)

21. 测量电流时应把电流表串联在被测电路中。(　　)

22. 测量电压时,电压表应与被测电路并联。电压表的内阻远大于被测负载的电阻。(　　)

23. 当电容器测量时万用表指针摆动后停止不动,说明电容器短路。(　　)

24. 电流表的内阻越小越好。(　　)

25. 电压表内阻越大越好。(　　)

参考答案

1. ×	2. ×	3. ×	4. ×	5. ×
6. ×	7. ×	8. ×	9. ×	10. ×
11. √	12. √	13. √	14. √	15. √
16. √	17. √	18. √	19. √	20. √
21. √	22. √	23. √	24. √	25. √

6.6 电　动　机

一、单项选择题

1. 一台380V、7.5kW的电动机,装设过载和断相保护,应选(　　)型号。

A. JR16-20/3　　B. JR16-60/3D　　C. JR16-20/3D

2. (　　)的电动机,在通电前,必须先做各绕组的绝缘电阻检查,合格后才可通电。

A. 一直在用,停止没超过一天

B. 常用,但电动机刚停止不超过一天

C. 新装或未用过的

3. 电动机(　　)作为电动机磁通的通路,要求材料有良好的导磁性能。

A. 机座　　B. 端盖　　C. 定子铁芯

4. 电动机定子三相绕组与交流电源的连接叫接法,其中Y为(　　)。

A. 三角形接法　　B. 星形接法　　C. 延边三角形接法

5. 电动机在额定工作状态下运行时,(　　)的机械功率叫额定功率。

A. 允许输出　　B. 允许输入　　C. 推动电动机

6. 电动机在额定工作状态下运行时，定子电路所加的(　　)叫额定电压。

A. 相电压　　B. 线电压　　C. 额定电压

7. 电动机在运行时，要通过(　　)、看、闻等方法及时监视电动机。

A. 听　　B. 记录　　C. 吹风

8. 电动机正常运行时的声音是平稳、轻快、(　　)和有节奏的。

A. 尖叫　　B. 均匀　　C. 摩擦

9. 对电动机各绕组进行绝缘检查，如测出绝缘电阻为零，在发现无明显烧毁的迹象时，则可进行烘干处理，这时(　　)通电运行。

A. 允许　　B. 不允许　　C. 烘干好后就可

10. 对电动机各绕组的绝缘检查，要求是：电动机每1kV工作电压，绝缘电阻(　　)MΩ。

A. <0.5　　B. $\geqslant 1$　　C. $=0.5$

11. 对电动机内部的脏物及灰尘清理，应用(　　)。

A. 湿布抹擦　　B. 布上蘸汽油、煤油等抹擦

C. 用压缩空气吹或用干布抹擦

12. 对电动机轴承润滑的检查，(　　)电动机转轴，看是否转动灵活，听有无异声。

A. 通电转动　　B. 用手转动　　C. 用其他设备带动

13. 对照电动机与其铭牌，主要检查(　　)、频率、定子绕组的连接方法。

A. 电源电压　　B. 电源电流　　C. 工作制

14. 降压启动是指启动时降低加在电动机(　　)绕组上的电压，启动运转后，再使其电压恢复到额定电压正常运行。

A. 定子　　B. 转子　　C. 定子及转子

15. 笼形异步电动机采用电阻降压启动时，启动次数(　　)。

A. 不宜太少　　B. 不允许超过3次/h

C. 不宜过于频繁

16. 笼形异步电动机常用的降压启动有(　　)启动、自耦变压器降压启动、星-三角降压启动。

A. 转子串电阻　　B. 串电阻降压　　C. 转子串频敏变阻器

17. 笼形异步电动机降压启动能减少启动电流，但由于电动机的转矩与电压的平方成(　　)，因此降压启动时转矩减少较多。

A. 反比　　B. 正比　　C. 对应

18. 某四极电动机的转速为1440r/min，则这台电动机的转差率为(　　)%。

A. 4　　B. 2　　C. 6

19. 三相对称负载接成星形时，三相总电流(　　)。

A. 等于零　　B. 等于其中一相电流的3倍

C. 等于其中一相电流

20. 三相笼形异步电动机的启动方式有两类，即在额定电压下的直接启动和(　　)启动。

A. 转子串电阻　　B. 转子串频敏变阻器

C. 降低启动电压

21. 三相异步电动机按其(　　)的不同可分为开启式、防护式、封闭式三大类。

A. 供电电源的方式　　B. 外壳防护方式

C. 结构形式

22. 三相异步电动机虽然种类繁多,但基本结构均由(　　)和转子两大部分组成。

A. 外壳　　B. 定子　　C. 罩壳及机座

23. 三相异步电动机一般可直接启动的功率为(　　)kW 以下。

A. 7　　B. 10　　C. 16

24. 下列说法中,正确的是(　　)。

A. 对称的三相电源是由振幅相同、初相依次相差 120°的正弦电源连接组成的供电系统

B. 视在功率就是无功功率加上有功功率

C. 在三相交流电路中,负载为星形接法时,其相电压等于三相电源的线电压

D. 导电性能介于导体和绝缘体之间的物体称为半导体

25. 星-三角降压启动,是启动时把定子三相绕组作(　　)连接。

A. 三角形　　B. 星形　　C. 延边三角形

26. 旋转磁场的旋转方向取决于通入定子绕组中的三相交流电源的相序,只要任意调换电动机(　　)所接交流电源的相序,旋转磁场即反转。

A. 两相绕组　　B. 一相绕组　　C. 三相绕组

27. 以下说法中,不正确的是(　　)。

A. 电动机按铭牌数值工作时,短时运行的定额工作制用 S2 表示

B. 电动机在短时定额运行时,我国规定的短时运行时间有 6 种

C. 电气控制系统图包括电气原理图和电气安装图

D. 交流电动机铭牌上的频率是此电动机使用的交流电源的频率

28. 以下说法中,不正确的是(　　)。

A. 异步电动机的转差率是旋转磁场的转速和电动机转速之差与旋转磁场的转速之比

B. 使用改变磁极对数来调速的电动机一般都是绕线型转子电动机

C. 能耗制动这种方法是将转子的动能转化为电能,并消耗在转子回路的电阻上

D. 再生发电制动只用于电动机转速高于同步转速的场合

29. 以下说法中,正确的是(　　)。

A. 三相异步电动机的转子导体中会形成电流,其电流方向可用右手定则判定

B. 为改善电动机的启动及运行性能,笼形异步电动机转子铁芯一般采用直槽结构

C. 三相电动机的转子和定子要同时通电才能工作

D. 同一电气元件的各部件分散地画在原理图中,必须按顺序标注文字符号

30. 异步电动机在启动瞬间,转子绕组中感应的电流很大,使定子流过的启动电流也很大,约为额定电流的(　　)倍。

A. 2　　B. 4～7　　C. 9～10

参考答案

1. C　　2. C　　3. C　　4. B　　5. A

6. B　　7. A　　8. B　　9. B　　10. B
11. C　　12. B　　13. A　　14. A　　15. C
16. B　　17. B　　18. A　　19. A　　20. C
21. B　　22. B　　23. A　　24. D　　25. B
26. A　　27. B　　28. B　　29. A　　30. B

二、判断题

1. 三相电动机的转子和定子要同时通电才能工作。(　　)
2. 电动机按铭牌数值工作时,短时运行的定额工作制用 S2 表示。(　　)
3. 电动机的短路试验是给电动机施加 35V 左右的电压。(　　)
4. 电动机运行时发出沉闷声是电动机在正常运行的声音。(　　)
5. 电动机在正常运行时,如闻到焦臭味,则说明电动机速度过快。(　　)
6. 对称的三相电源是由振幅相同、初相依次相差 120°的正弦电源连接组成的供电系统。(　　)
7. 对绕线型异步电动机应经常检查电刷与集电环的接触及电刷的磨损、压力、火花等情况。(　　)
8. 对于异步电动机,国家标准规定 3kW 以下的电动机均采用三角形连接。(　　)
9. 改变转子电阻调速这种方法只适用于绕线式异步电动机。(　　)
10. 交流电动机铭牌上的频率是此电动机使用的交流电源的频率。(　　)
11. 交流发电机是应用电磁感应的原理发电的。(　　)
12. 能耗制动这种方法是将转子的动能转化为电能,并消耗在转子回路的电阻上。(　　)
13. 三相异步电动机的转子导体中会形成电流,其电流方向可用右手定则判定。(　　)
14. 使用改变磁极对数来调速的电动机一般都是绕线型转子电动机。(　　)
15. 为改善电动机的启动及运行性能,笼形异步电动机转子铁芯一般采用直槽结构。(　　)
16. 异步电动机的转差率是旋转磁场的转速和电动机转速之差与旋转磁场的转速之比。(　　)
17. 因闻到焦臭味而停止运行的电动机,必须找出原因后才能再通电使用。(　　)
18. 用星-三角降压启动时,启动转矩为直接采用三角形连接时启动转矩的 1/3。(　　)
19. 再生发电制动只用于电动机转速高于同步转速的场合。(　　)
20. 带电动机的设备,在电动机通电前要检查电动机的辅助设备和安装底座、接地等,正常后再通电使用。(　　)
21. 电动机异常发响发热的同时,转速急速下降,应立即切断电源,停机检查。(　　)
22. 电动机在检修后,经各项检查合格后,就可对电动机进行空载试验和短路试验。(　　)

参考答案

1. ×　　2. √　　3. ×　　4. ×　　5. ×
6. ×　　7. √　　8. ×　　9. √　　10. √
11. √　　12. √　　13. √　　14. ×　　15. ×
16. √　　17. √　　18. √　　19. √　　20. √
21. √　　22. √

6.7 低压电器

一、单项选择题

1. 1kW以上的电容器组采用(　　)接成三角形作为放电装置。

A. 白炽灯　　B. 电流互感器　　C. 电压互感器

2. PE线或PEN线上除工作接地外其他接地点的再次接地称为(　　)接地。

A. 直接　　B. 间接　　C. 重复

3. 暗装的开关及插座应有(　　)。

A. 明显标志　　B. 盖板　　C. 警示标志

4. 从制造角度考虑,低压电器是指在交流50Hz、额定电压(　　)V或直流额定电压1500V及以下电气设备。

A. 400　　B. 800　　C. 1000

5. 单相电度表主要由一个可转动铝盘以及分别绕在不同铁芯上的一个(　　)和一个电流线圈组成。

A. 电压线圈　　B. 电压互感器　　C. 电阻

6. 单相三孔插座的上孔接(　　)。

A. 零线　　B. 相线　　C. 地线

7. 当空气开关动作后,用手触摸其外壳,发现开关外壳较热,则动作的可能是(　　)。

A. 短路　　B. 过载　　C. 欠压

8. 当一个熔断器保护一只灯时,熔断器应串联在开关(　　)。

A. 前　　B. 后　　C. 中

9. 刀开关在选用时,要求刀开关的额定电压要大于或等于线路实际的(　　)电压。

A. 额定　　B. 最高　　C. 故障

10. 低压电工作业是指对(　　)V以下的电气设备进行安装、调试、运行操作等的作业。

A. 500　　B. 250　　C. 1000

11. 低压电器按其动作方式可分为自动切换电器和(　　)电器。

A. 非自动切换　　B. 非电动　　C. 非机械

12. 低压电器可归为低压配电电器和(　　)电器。

A. 低压控制　　B. 电压控制　　C. 低压电动

13. 低压电容器的放电负载通常为(　　)。

A. 灯泡　　B. 线圈　　C. 互感器

14. 低压断路器也称为(　　)。

A. 总开关　　B. 闸刀　　C. 自动空气开关

15. 低压熔断器广泛应用于低压供配电系统和控制系统中,主要用于(　　)保护,有时也可用于过载保护。

A. 速断　　B. 短路　　C. 过流

16. 碘钨灯属于(　　)光源。

A. 气体放电　　B. 电弧　　C. 热辐射

17. 电感式荧光灯镇流器的内部是(　　)。

A. 电子电路　　B. 线圈　　C. 振荡电路

18. 电流继电器使用时其吸引线圈直接或通过电流互感器(　　)在被控电路中。

A. 串联　　B. 并联　　C. 串联或并联

19. 电能表是测量(　　)用的仪器。

A. 电压　　B. 电流　　C. 电能

20. 电压继电器使用时其吸引线圈直接或通过电压互感器(　　)在被控电路中。

A. 并联　　B. 串联　　C. 串联或并联

21. 断路器的电气图形为(　　)。

A.　　B.　　C.

22. 断路器在选用时,应先确定断路器的(　　),然后才进行具体参数的确定。

A. 类型　　B. 额定电流　　C. 额定电压

23. 断路器是通过手动或电动等操作机构使断路器合闸,通过(　　)装置使断路器自动跳闸,从而达到故障保护目的。

A. 自动　　B. 活动　　C. 脱扣

24. 非自动切换电器是依靠(　　)直接操作来进行工作的。

A. 外力(如手控)　　B. 电动　　C. 感应

25. 更换熔体或熔管,必须在(　　)的情况下进行。

A. 带电　　B. 不带电　　C. 带负载

26. 更换熔体时,原则上新熔体与旧熔体的规格要(　　)。

A. 相同　　B. 不同　　C. 更新

27. 行程开关的组成包括有(　　)。

A. 保护部分　　B. 线圈部分　　C. 反力系统

28. 继电器是一种根据(　　)来控制电路"接通""断开"的自动电器。

A. 外界输入信号(电信号或非电信号)　　B. 电信号

C. 非电信号

29. 交流接触器的电寿命约为机械寿命的(　　)倍。

A. 10　　B. 1　　C. 1～20

30. 交流接触器的断开能力是指开关断开电流时能可靠地(　　)的能力。

A. 分开触点　　B. 熄灭电弧　　C. 切断运行

31. 交流接触器的额定工作电压是指在规定条件下,能保证电器正常工作的(　　)电压。

A. 最低　　B. 最高　　C. 平均

32. 交流接触器的机械寿命是指不带负载的操作次数,一般达(　　)。

A. 10万次以下　　B. 600万～1000万次
C. 10000万次以上

33. 交流接触器的接通能力是指开关闭合接通电流时不会造成(　　)的能力。
A. 触点熔焊　　B. 电弧出现　　C. 电压下降

34. 胶壳刀开关在接线时,电源线接在(　　)。
A. 上端(静触头)　　B. 下端(动触头)　　C. 两端都可

35. 接触器的电气图形为(　　)。
A.　　B.　　C.

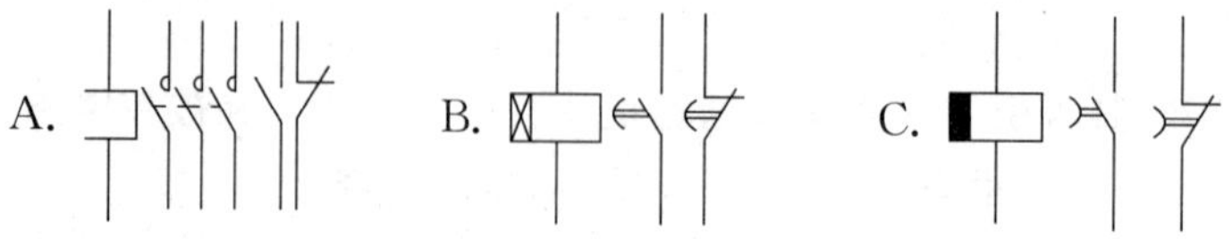

36. 具有反时限安秒特性的元件就具备短路保护和(　　)保护能力。
A. 温度　　B. 机械　　C. 过载

37. 利用(　　)来降低加在定子三相绕组上的电压的启动叫自耦降压启动。
A. 自耦变压器　　B. 频敏变压器　　C. 电阻器

38. 利用交流接触器作欠压保护的原理是:当电压不足时,线圈产生的(　　)不足,触头分断。
A. 磁力　　B. 涡流　　C. 热量

39. 漏电保护断路器在设备正常工作时,电路电流的相量和(　　),开关保持闭合状态。
A. 为正　　B. 为负　　C. 为零

40. 螺口灯头的螺纹应与(　　)相接。
A. 零线　　B. 相线　　C. 地线

41. 螺旋式熔断器的电源进线应接在(　　)。
A. 上端　　B. 下端　　C. 前端

42. 落地插座应具有牢固可靠的(　　)。
A. 标志牌　　B. 保护盖板　　C. 开关

43. 频敏变阻器其构造与三相电抗相似,即由3个铁芯柱和(　　)个绕组组成。
A. 1　　B. 2　　C. 3

44. 墙边开关安装时距离地面的高度为(　　)m。
A. 1.3　　B. 1.6　　C. 2

45. 热继电器的保护特性与电动机过载特性相近,是为了充分发挥电动机的(　　)能力。
A. 过载　　B. 控制　　C. 节流

46. 热继电器的整定电流为电动机额定电流的(　　)%。
A. 100　　B. 120　　C. 130

47. 热继电器具有一定的(　　)自动调节补偿功能。
A. 时间　　B. 频率　　C. 温度

48. 荧光灯属于(　　)光源。
A. 气体放电　　B. 热辐射　　C. 生物放电

49. 熔断器的保护特性又称为(　　)。

A. 灭弧特性　　B. 安秒特性　　C. 时间性

50. 熔断器的额定电流(　　)电动机的启动电流。

A. 大于　　B. 等于　　C. 小于

51. 熔断器的额定电压是从(　　)角度出发,规定的电路最高工作电压。

A. 过载　　B. 灭弧　　C. 温度

52. 熔断器在电动机的电路中起(　　)保护作用。

A. 过载　　B. 短路　　C. 过载和短路

53. 事故照明一般采用(　　)。

A. 荧光灯　　B. 白炽灯　　C. 高压汞灯

54. 以下属于控制电器的是(　　)。

A. 接触器　　B. 熔断器　　C. 刀开关

55. 以下属于配电电器的有(　　)。

A. 接触器　　B. 熔断器　　C. 电阻器

56. 铁壳开关的电气图形为(　　),文字符号为 QS。

A. 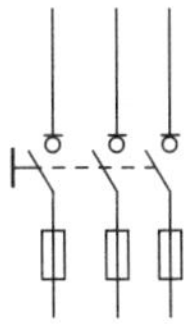　　B. 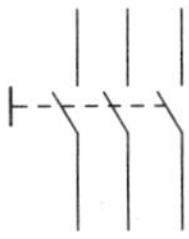　　C.

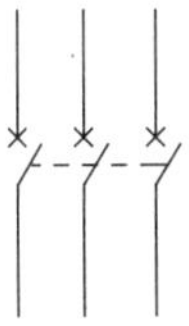

57. 铁壳开关在作控制电动机启动和停止时,要求额定电流要大于或等于(　　)倍电动机额定电流。

A. 2　　B. 1　　C. 3

58. 下图是(　　)触头。

A. 延时断开动合　　B. 延时闭合动合　　C. 延时断开动断

59. 万能转换开关的基本结构内有(　　)。

A. 反力系统　　B. 触点系统　　C. 线圈部分

60. 微动式行程开关的优点是有(　　)动作机构。

A. 控制　　B. 转轴　　C. 储能

61. 为提高功率因数,40W 的灯管应配用(　　)μF 的电容。

A. 2.5　　B. 3.5　　C. 4.75

62. 下列灯具中功率因数最高的是(　　)。

A. 白炽灯　　B. 节能灯　　C. 荧光灯

63. 下列说法中,不正确的是(　　)。

A. 在供配电系统和设备自动系统中,刀开关通常用于电源隔离

B. 隔离开关是指承担接通和断开电流任务,将电路与电源隔开

C. 低压断路器是一种重要的控制和保护电器,断路器都装有灭弧装置,因此可以

安全地带负荷合、分闸

D. 漏电断路器在被保护电路中有漏电或有人触电时,零序电流互感器就产生感应电流,经放大使脱扣器动作,从而切断电路

64. 下列说法中,不正确的是(　　)。

A. 铁壳开关安装时外壳必须可靠接地

B. 热继电器的双金属片弯曲的速度与电流大小有关,电流越大,速度越快,这种特性称正比时限特性

C. 速度继电器主要用于电动机的反接制动,所以也称为反接制动继电器

D. 低压配电屏是按一定的接线方案将有关低压一、二次设备组装起来,每一个主电路方案对应一个或多个辅助方案,从而简化了工程设计

65. 下列说法中,不正确的是(　　)。

A. 白炽灯属热辐射光源

B. 荧光灯点亮后,镇流器起降压限流作用

C. 对于开关频繁的场所应采用白炽灯照明

D. 高压水银灯的电压比较高,所以称为高压水银灯

66. 下列说法中,不正确的是(　　)。

A. 当灯具达不到最小高度时,应采用 24V 以下电压

B. 电子镇流器的功率因数高于电感式镇流器

C. 事故照明不允许和其他照明共用同一线路

D. 荧光灯的电子镇流器可使荧光灯获得高频交流电

67. 下列说法中,不正确的是(　　)。

A. 熔断器在所有电路中都能起到过载保护

B. 在我国,超高压送电线路基本上是架空敷设

C. 过载是指线路中的电流大于线路的计算电流或允许载流量

D. 额定电压为 380V 的熔断器可用在 220V 的线路中

68. 下列说法中,正确的是(　　)。

A. 行程开关的作用是将机械行走的长度用电信号传出

B. 热继电器是利用双金属片受热弯曲而推动触头动作的一种保护电器,它主要用于线路的速断保护

C. 中间继电器实际上是一种动作与释放值可调节的电压继电器

D. 电动式时间继电器的延时时间不受电源电压波动及环境温度变化的影响

69. 下列说法中,正确的是(　　)。

A. 为了有明显区别,并列安装的同型号开关应不同高度,错落有致

B. 为了安全可靠,所有开关均应同时控制相线和零线

C. 不同电压的插座应有明显区别

D. 危险场所室内的吊灯与地面距离不少于 3m

70. 下列现象中,可判定是接触不良的是(　　)。

A. 灯泡忽明忽暗　　　　B. 荧光灯启动困难

C. 灯泡不亮

71. 相线应接在螺口灯头的(　　)。

A. 中心端子　　B. 螺纹端子　　C. 外壳

72. 一般电器所标或仪表所指示的交流电压、电流的数值是(　　)。

A. 最大值　　B. 有效值　　C. 平均值

73. 一般线路中的熔断器有(　　)保护。

A. 短路　　B. 过载　　C. 过载和短路

74. 移动电气设备电源应采用高强度铜芯橡胶护套软绝缘(　　)。

A. 导线　　B. 电缆　　C. 绞线

75. 应装设报警式漏电保护器而不自动切断电源的是(　　)。

A. 招待所插座回路　　B. 生产用的电气设备

C. 消防用电梯

76. 运行线路/设备的每伏工作电压应由(　　)Ω的绝缘电阻来计算。

A. 500　　B. 1000　　C. 200

77. 运行中的线路的绝缘电阻每伏工作电压为(　　)Ω。

A. 1000　　B. 500　　C. 200

78. 在采用多级熔断器保护中,后级的熔体额定电流比前级大,目的是防止熔断器越级熔断而(　　)。

A. 查障困难　　B. 减小停电范围　　C. 扩大停电范围

79. 在低压供电线路保护接地和建筑物防雷接地网,需要共用时,其接地网电阻要求(　　)Q。

A. ≤2.5　　B. ≤1　　C. ≤10

80. 在电力控制系统中,使用最广泛的是(　　)式交流接触器。

A. 电磁　　B. 气动　　C. 液动

81. 在电路中,开关应控制(　　)。

A. 零线　　B. 相线　　C. 地线

82. 在电气线路安装时,导线与导线或导线与电气螺栓之间的连接最易引发火灾的连接工艺是(　　)。

A. 铜线与铝线绞接　　B. 铝线与铝线绞接

C. 铜铝过渡接头压接

83. 在检查插座时,电笔在插座的两个孔均不亮,首先判断是(　　)。

A. 短路　　B. 相线断线　　C. 零线断线

84. 在民用建筑物的配电系统中,一般采用(　　)断路器。

A. 框架式　　B. 电动式　　C. 漏电保护

85. 在配电线路中,熔断器作过载保护时,熔体的额定电流为不大于导线允许载流量(　　)倍。

A. 1.25　　B. 1.1　　C. 0.8

86. 在选择漏电保护装置的灵敏度时,要避免由于正常(　　)引起的不必要的动作而影响正常供电。

A. 泄漏电流　　B. 泄漏电压　　C. 泄漏功率

87. 在易燃、易爆危险场所,应安装(　　)的电气设备。

A. 密封性好　　B. 安全电压　　C. 防爆型

88. 在易燃、易爆危险场所,电气线路应采用(　　)或者铠装电缆敷设。

A. 穿金属蛇皮管再沿铺沙电缆沟　　B. 穿水煤气管

C. 穿钢管

89. 在易燃、易爆危险场所,供电线路应采用(　　)方式供电。

A. 单相三线制,三相五线制

B. 单相三线制,三相四线制

C. 单相两线制,三相五线制

90. 照明系统中的每一单相回路上,灯具与插座的数量不宜超过(　　)个。

A. 20　　B. 25　　C. 30

参考答案

1. C	2. C	3. B	4. C	5. A
6. C	7. B	8. B	9. B	10. A
11. A	12. A	13. A	14. C	15. B
16. C	17. B	18. A	19. C	20. A
21. A	22. A	23. C	24. A	25. B
26. A	27. C	28. A	29. C	30. B
31. B	32. B	33. A	34. A	35. A
36. C	37. A	38. A	39. C	40. A
41. B	42. B	43. C	44. A	45. A
46. A	47. C	48. A	49. B	50. C
51. B	52. B	53. B	54. A	55. B
56. A	57. A	58. A	59. B	60. C
61. C	62. A	63. B	64. B	65. D
66. A	67. A	68. D	69. C	70. A
71. A	72. B	73. C	74. B	75. C
76. B	77. A	78. C	79. B	80. A
81. B	82. A	83. B	84. C	85. A
86. A	87. C	88. C	89. A	90. B

二、判断题

1. 交流接触器常见的额定最高工作电压达到6000V。(　　)

2. 接触器的文字符号为FR。(　　)

3. 接了漏电保护开关之后,设备外壳就不需要再接地或接零了。(　　)

4. 接闪杆可以用镀锌钢管焊成,其长度应在1m以上,钢管直径不得小于20mm,管壁厚度不得小于2.75mm。(　　)

5. 漏电保护开关只有在有人触电时才会动作。(　　)

6. 目前我国生产的接触器额定电流一般大于或等于630A。(　　)

7. 频率的自动调节补偿是热继电器的一个功能。(　　)

8. 热继电器的双金属片是由两种热膨胀系数不同的金属材料辗压而成。(　　)

9. 热继电器的双金属片弯曲的速度与电流大小有关,电流越大,弯曲速度越快,这种特性称正比时限特性。(　　)

10. 熔断器的特性是通过熔体的电压值越高,熔断时间越短。(　　)

11. 熔断器在所有电路中都能起到过载保护的作用。(　　)

12. 时间继电器的文字符号为 KM。(　　)

13. 为保证零线安全,三相四线制的零线必须加装熔断器。(　　)

14. 为了安全可靠,所有开关均应同时控制相线和零线。(　　)

15. 为了有明显区别,并列安装的同型号开关应不同高度,错落有致。(　　)

16. 移动电气设备电源应采用高强度铜芯橡胶护套硬绝缘电缆。(　　)

17. 用验电笔检查时,验电笔发光就说明线路一定有电。(　　)

18. 用验电笔验电时,应赤脚站立,保证与大地有良好的接触。(　　)

19. 在采用多级熔断器保护中,后级熔体的额定电流比前级大,以电源端为最前端。(　　)

20. 中间继电器的动作值与释放值可调节。(　　)

21. 转子串频敏变阻器启动的转矩大,适合重载启动。(　　)

22. 自动开关属于手动电器。(　　)

23. IT 系统就是保护接零系统。(　　)

24. RCD 的额定动作电流是指能使 RCD 动作的最大电流。(　　)

25. RCD 后的中性线可以接地。(　　)

26. SELV 只作为接地系统的电击保护。(　　)

27. TT 系统是配电网中性点直接接地,用电设备外壳也采用接地措施的系统。(　　)

28. 安全可靠是对任何开关电器的基本要求。(　　)

29. 保护接零适用于中性点直接接地的配电系统中。(　　)

30. 从过载角度出发,规定了熔断器的额定电压。(　　)

31. 单相 220V 电源供电的电气设备应选用三极式漏电保护装置。(　　)

32. 当拉下总开关后,线路即视为无电。(　　)

33. 刀开关在作隔离开关选用时,要求刀开关的额定电流要大于或等于线路实际的故障电流。

34. 低压断路器是一种重要的控制和保护电器,断路器都装有灭弧装置,因此可以安全地带负荷合、分闸。(　　)

35. 低压配电屏是按一定的接线方案将有关低压一、二次设备组装起来,每一个主电路方案对应一个或多个辅助方案,从而简化了工程设计。(　　)

36. 低压验电器可以验出 500V 以下的电压。(　　)

37. 电动式时间继电器的延时时间不受电源电压波动及环境温度变化的影响。(　　)

38. 电度表是专门用来测量设备功率的装置。(　　)

39. 电子镇流器的功率因数高于电感式镇流器。(　　)

40. 吊灯安装在桌子上方时,与桌子的垂直距离应不少于 1.5m。(　　)

41. 断路器在选用时,要求断路器的额定通断能力要大于或等于被保护线路中可能出

现的最大负载电流。(　　)

42. 对于开关频繁的场所应采用白炽灯照明。(　　)

43. 额定电压为380V的熔断器可用在220V的线路中。(　　)

44. 隔离开关是指承担接通和断开电流任务,将电路与电源隔开。(　　)

45. 行程开关的作用是将机械行走的长度用电信号传出。(　　)

46. 机关、学校、企业、住宅等建筑物内的插座回路不需要安装漏电保护装置。(　　)

47. 交流接触器的额定电流是在额定的工作条件下所决定的电流值。(　　)

48. 交流接触器的通断能力与接触器的结构及灭弧方式有关。(　　)

49. 胶壳开关不适合用于直接控制5.5kW以上的交流电动机。(　　)

50. 绝缘棒在闭合或拉开高压隔离开关和跌落式熔断器、装拆携带式接地线,以及进行辅助测量和试验时使用。(　　)

51. 漏电断路器在被保护电路中有漏电或有人触电时,零序电流互感器就产生感应电流,经放大使脱扣器动作,从而切断电路。(　　)

52. 漏电开关跳闸后,允许采用分路停电再送电的方式检查线路。(　　)

53. 路灯的各回路应有保护,每一灯具宜设单独熔断器。(　　)

54. 螺口灯头的台灯应采用三孔插座。(　　)

55. 民用住宅严禁装设床头开关。(　　)

56. 热继电器的保护特性在保护电动机时,应尽可能与电动机过载特性相近。(　　)

57. 热继电器是利用双金属片受热弯曲而推动触点动作的一种保护电器,它主要用于线路的速断保护。(　　)

58. 日常电气设备的维护和保养应由设备管理人员负责。(　　)

59. 荧光灯点亮后,镇流器起降压限流作用。(　　)

60. 熔断器的文字符号为FU。(　　)

61. 熔体的额定电流不可大于熔断器的额定电流。(　　)

62. 剩余电流动作保护装置主要用于1000V以下的低压系统。(　　)

63. 剩余动作电流小于或等于0.3A的RCD属于高灵敏度RCD。(　　)

64. 时间继电器的文字符号为KT。(　　)

65. 使用电气设备时,由于导线截面选择过小,当电流较大时也会因发热过大而引发火灾。(　　)

66. 试验对地电压为50V以上的带电设备时,氖泡式低压验电器就应显示有电。(　　)

67. 铁壳开关安装时外壳必须可靠接地。(　　)

68. 通用继电器可以更换不同性质的线圈,从而将其制成各种继电器。(　　)

69. 同一电气元件的各部件分散地画在原理图中,必须按顺序标注文字符号。(　　)

70. 万能转换开关的定位结构一般采用滚轮卡转轴辐射型结构。(　　)

71. 危险场所室内的吊灯与地面距离不少于3m。(　　)

72. 为安全起见,更换熔断器时最好断开负载。(　　)

73. 选用电器应遵循的经济原则是本身的经济价值和使用价值,不致因运行不可靠而产生损失。(　　)

74. 验电器在使用前必须确认验电器良好。(　　)

75. 移动电气设备的电源一般采用架设或穿钢管保护的方式。（　　）

76. 移动电气设备可以参考手持电动工具的有关要求进行使用。（　　）

77. 幼儿园及小学等儿童活动场所插座安装高度不宜小于 1.8m。（　　）

78. 在电压低于额定值的一定比例后能自动断电的称为欠压保护。（　　）

79. 在断电之后，电动机停转，当电网再次来电，电动机能自行启动的运行方式称为失压保护。（　　）

80. 在供配电系统和设备自动系统中，刀开关通常用于电源隔离。（　　）

81. 在有爆炸和火灾危险的场所，应尽量少用或不用携带式、移动式的电气设备。（　　）

82. 中间继电器实际上是一种动作与释放值可调节的电压继电器。（　　）

83. 装设过负荷保护的配电线路，其绝缘导线的允许载流量应不小于熔断器额定电流的 1.25 倍。（　　）

84. 自动空气开关具有过载、短路和欠电压保护。（　　）

85. 自动切换电器是依靠其本身参数的变化或外来信号而自动进行工作的。（　　）

86. 组合开关可直接启动 5kW 以下的电动机。（　　）

87. 组合开关在选作直接控制电动机时，要求其额定电流可取电动机额定电流的 2～3 倍。（　　）

88. RCD 的选择必须考虑用电设备和电路正常泄漏电流的影响。（　　）

89. 按钮的文字符号为 SB。（　　）

90. 按钮根据使用场合，可选的种类有开启式、防水式、防腐式、保护式等。（　　）

参考答案

1. ×	2. ×	3. ×	4. ×	5. ×
6. ×	7. ×	8. ×	9. ×	10. ×
11. ×	12. ×	13. ×	14. ×	15. ×
16. ×	17. ×	18. ×	19. ×	20. ×
21. ×	22. ×	23. ×	24. ×	25. ×
26. ×	27. √	28. √	29. √	30. ×
31. ×	32. ×	33. ×	34. √	35. √
36. ×	37. √	38. ×	39. √	40. ×
41. ×	42. √	43. √	44. ×	45. ×
46. ×	47. √	48. √	49. √	50. √
51. √	52. √	53. √	54. √	55. √
56. √	57. ×	58. ×	59. √	60. √
61. √	62. √	63. √	64. √	65. √
66. ×	67. √	68. √	69. ×	70. ×
71. ×	72. √	73. √	74. √	75. √
76. √	77. √	78. √	79. ×	80. √
81. √	82. ×	83. √	84. √	85. √
86. √	87. √	88. √	89. √	90. √

6.8 高压设备

一、单项选择题

1. 6～10kV架空线路的导线经过居民区时线路与地面的最小距离为(　　)m。

A. 6　　B. 5　　C. 6.5

2. 避雷针是常用的避雷装置,安装时,避雷针宜设独立的接地装置,如果在非高电阻率地区,其接地电阻不宜超过(　　)Ω。

A. 4　　B. 2　　C. 10

3. 变压器和高压开关柜为防止雷电侵入产生破坏的主要措施是(　　)。

A. 安装避雷器　　B. 安装避雷线　　C. 安装避雷网

4. 当10kV高压控制系统发生电气火灾时,如果电源无法切断,必须带电灭火,则可选用的灭火器是(　　)。

A. 干粉灭火器,喷嘴和机体距带电体应不小于0.4m

B. 雾化水枪,戴绝缘手套,穿绝缘靴,水枪头接地,水枪头距带电体4.5m以上

C. 二氧化碳灭火器,喷嘴距带电体不小于0.6m

5. 当架空线路与爆炸性气体环境邻近时,其间距不得小于塔杆高度的(　　)倍。

A. 3　　B. 2.5　　C. 1.5

6. 几种线路同杆架设时,必须保证高压线路在低压线路(　　)。

A. 左方　　B. 右方　　C. 上方

7. 接闪线属于避雷装置中的一种,它主要用来保护(　　)。

A. 变配电设备　　B. 房顶较大面积的建筑物

C. 高压输电线路

8. 为避免高压变配电站遭受直击雷,引发大面积停电事故,一般可用(　　)来防雷。

A. 接闪杆　　B. 阀型避雷器　　C. 接闪网

9. 为了防止跨步电压对人造成伤害,要求防雷接地装置距离建筑物出入口、人行道最小距离不应小于(　　)m。

A. 3　　B. 2.5　　C. 4

10. 下列说法中,正确的是(　　)。

A. 电力线路敷设时严禁采用突然剪断导线的办法松线

B. 为了安全,高压线路通常采用绝缘导线

C. 根据用电性质,电力线路可分为动力线路和配电线路

D. 跨越铁路、公路等的架空绝缘铜导线截面不小于16mm²

参考答案

1. A	2. C	3. A	4. A	5. C
6. C	7. C	8. A	9. A	10. A

二、判断题

1. 雷电按其传播方式可分为直击雷和感应雷两种。(　　)

2. 雷电后造成架空线路产生高电压冲击波，这种雷电称为直击雷。(　　)

3. 用避雷针、避雷带是防止雷电破坏电力设备的主要措施。(　　)

4. 在高压线路发生火灾时，应迅速撤离现场，并拨打火警电话119报警。(　　)

5. 10kV以下运行的阀型避雷器的绝缘电阻应每年测量一次。(　　)

6. 电缆保护层的作用是保护电缆。(　　)

7. 防雷装置的引下线应满足足够的机械强度、耐腐蚀和热稳定的要求，如用钢绞线，其截面不得小于35mm^2。(　　)

8. 高压水银灯的电压比较高，所以称为高压水银灯。(　　)

9. 为了安全，高压线路通常采用绝缘导线。(　　)

10. 在高压操作中，无遮栏作业人体或其所携带工具与带电体之间的距离应不少于0.7m。(　　)

11. 在高压线路发生火灾时，应采用有相应绝缘等级的绝缘工具，迅速拉开隔离开关切断电源，选择二氧化碳或者干粉灭火器进行灭火。(　　)

12. 在我国，超高压送电线路基本上是架空敷设。(　　)

13. 变配电设备应有完善的屏护装置。(　　)

参考答案

1. ×	2. ×	3. ×	4. ×	5. ×
6. √	7. ×	8. ×	9. ×	10. √
11. ×	12. √	13. √		

6.9　导线连接

一、单项选择题

1. 穿管导线内最多允许(　　)个导线接头。

A. 2　　B. 1　　C. 0

2. 导线的中间接头采用铰接时，先在中间互绞(　　)圈。

A. 1　　B. 2　　C. 3

3. 导线接头、控制器触头等接触不良是诱发电气火灾的重要原因。所谓接触不良，其本质原因是(　　)。

A. 触头、接触点电阻变化引发过电压

B. 触头、接触点电阻变小

C. 触头、接触点电阻变大引起功耗增大

4. 导线接头缠绝缘胶布时，后一圈压住前一圈胶布宽度的(　　)。

A. 1/3　　B. 1/2　　C. 1

5. 导线接头的机械强度不小于原导线机械强度的(　　)。

A. 80%　　B. 90%　　C. 95%

6. 导线接头的绝缘强度应(　　)原导线的绝缘强度。

A. 大于　　B. 等于　　C. 小于

7. 导线接头电阻要足够小,与同长度同截面导线的电阻比不大于(　　)。

A. 1　　B. 1.5　　C. 2

8. 导线接头连接不紧密,会造成接头(　　)。

A. 发热　　B. 绝缘不够　　C. 不导电

9. 导线接头要求应接触紧密和(　　)等。

A. 牢固可靠　　B. 拉不断　　C. 不会发热

10. 电气火灾的引发是由于危险温度的存在,危险温度的引发主要是由于(　　)。

A. 导线截面选择不当　　B. 电压波动

C. 设备运行时间长

11. 将一根导线均匀拉长为原长的 2 倍,则它的阻值为原阻值的(　　)倍。

A. 1　　B. 2　　C. 4

12. 接地线应用多股软裸铜线,其截面积不得小于(　　)mm^2。

A. 10　　B. 6　　C. 25

13. 下列说法中,不正确的是(　　)。

A. 导线连接时必须注意做好防腐措施

B. 截面积较小的单股导线平接时可采用绞接法

C. 导线接头的抗拉强度必须与原导线的抗拉强度相同

D. 导线连接后接头与绝缘层的距离越小越好

14. 在铝绞线中加入钢芯的作用是(　　)。

A. 提高导电能力　　B. 增大导线面积　　C. 提高机械强度

参考答案

1. C　　2. C　　3. C　　4. B　　5. B
6. B　　7. A　　8. A　　9. A　　10. A
11. C　　12. C　　13. C　　14. C

二、判断题

1. 铜线与铝线在需要时可以直接连接。(　　)

2. 导线的工作电压应大于其额定电压。(　　)

3. 导线连接后接头与绝缘层的距离越小越好。(　　)

4. 改革开放前我国强调以铝代铜作导线,以减轻导线的重量。(　　)

5. 接地线是为了在已停电的设备和线路上意外地出现电压时保证工作人员的重要工具。按规定,接地线必须是截面积 $25mm^2$ 以上裸铜软线制成。(　　)

6. 截面积较小的单股导线平接时可采用绞接法。(　　)

7. 在选择导线时必须考虑线路投资,但导线截面积不能过小。(　　)

8. 导线接头的抗拉强度必须与原导线的抗拉强度相同。(　　)

9. 导线接头位置应尽量在绝缘子固定处,以方便统一扎线。(　　)

10. 导线连接时必须注意做好防腐措施。(　　)

11. 电力线路敷设时严禁采用突然剪断导线的办法松线。(　　)

12. 黄绿双色的导线只能用于保护线。(　　)

参考答案

1. ×　　2. ×　　3. √　　4. ×　　5. √
6. √　　7. √　　8. ×　　9. √　　10. √
11. √　　12. √

6.10　触电急救

一、单项选择题

1. 电流从左手到双脚引起心室颤动效应，一般认为通电时间与电流的乘积大于(　　)mA・s时就有生命危险。

A. 16　　B. 30　　C. 50

2. 电流对人体的热效应造成的伤害是(　　)。

A. 电烧伤　　B. 电烙印　　C. 皮肤金属化

3. 电伤是由电流的(　　)效应对人体所造成的伤害。

A. 化学　　B. 热　　C. 热、化学与机械

4. 对触电成年伤员进行人工呼吸，每次吹入伤员的气量要达到(　　)mL才能保证足够的氧气。

A. 500～700　　B. 800～1200　　C. 1200～1400

5. 据一些资料表明，心跳呼吸停止，在(　　)min内进行抢救，约80%可以救活。

A. 1　　B. 2　　C. 3

6. 脑细胞对缺氧最敏感，一般缺氧超过(　　)min就会造成不可逆的损害导致脑死亡。

A. 8　　B. 5　　C. 12

7. 人的室颤电流约为(　　)mA。

A. 16　　B. 30　　C. 50

8. 人体体内电阻约为(　　)Ω。

A. 200　　B. 300　　C. 500

9. 人体同时接触带电设备或线路中的两相导体时，电流从一相通过人体流入另一相，这种触电现象称为(　　)触电。

A. 单相　　B. 两相　　C. 感应电

10. 人体直接接触带电设备或线路中的一相时，电流通过人体流入大地，这种触电现象称为(　　)触电。

A. 单相　　B. 两相　　C. 三相

11. 如果触电者心跳停止，有呼吸，应立即对触电者施行(　　)急救。

A. 仰卧压胸法　　B. 胸外心脏按压法
C. 俯卧压背法

12. 下列说法中，正确的是(　　)。

A. 通电时间增加，人体电阻因出汗而增加，导致通过人体的电流减小

B. 30～40Hz 的电流危险性最大

C. 相同条件下,交流电比直流电对人体危害大

D. 工频电流比高频电流更容易引起皮肤灼伤

参考答案

1. C	2. A	3. C	4. B	5. A
6. A	7. C	8. C	9. B	10. A
11. B	12. C			

二、判断题

1. 通电时间增加,人体电阻因出汗而增加,导致通过人体的电流减小。(　　)

2. 发现有人触电后,应立即通知医院派救护车来抢救,在医生到来前,现场人员不能对触电者进行抢救,以免造成二次伤害。(　　)

3. 概率为 50%时,成年男性的平均感知电流值约为 1.1mA,最小为 0.5mA,成年女性约为 0.6mA。(　　)

4. 工频电流比高频电流更容易引起皮肤灼伤。(　　)

5. 雷电可通过其他带电体或直接对人体放电,使人的身体遭受巨大的破坏直至死亡。(　　)

6. 相同条件下,交流电比直流电对人体危害大。(　　)

7. 按照通过人体电流的大小、人体反应状态的不同,可将电流划分为感知电流、摆脱电流和室颤电流。(　　)

8. 触电分为电击和电伤。(　　)

9. 触电事故是由电能以电流形式作用人体造成的事故。(　　)

10. 触电者神志不清,有心跳,但呼吸停止,应立即进行口对口人工呼吸。(　　)

参考答案

1. ×	2. ×	3. ×	4. ×	5. √
6. √	7. √	8. √	9. √	10. √

参考文献

[1] 国家安全生产教育培训教材编审委员会. 低压电工作业[M]. 北京：中国矿业大学出版社，2015.
[2] 广东省安全生产宣传教育中心. 电工安全技术[M]. 广州：广东经济出版社，2009.
[3] 张富建. 焊工理论与实操(电焊、气焊、气割入门与上岗考证)[M]. 北京：清华大学出版社，2014.
[4] 郑平. 职业道德(全国劳动预备制培训教材)[M]. 2 版. 北京：中国劳动社会保障出版社，2007.
[5] 徐建俊. 电工考工实训教程[M]. 北京：清华大学出版社，北京交通大学出版社，2005.
[6] 广州市红十字会，广州市红十字培训中心. 电力行业现场急救技能培训手册[M]. 北京：中国电力出版社，2011.
[7] 舒华，李良洪. 汽车电工电子基础[M]. 北京：中央广播电视大学出版社，2017.
[8] 张小红. 电工技能实训[M]. 北京：高等教育出版社，2015.
[9] 修胜全，贾春兰. 维修电工中级工技能训练[M]. 北京：高等教育出版社，2015.
[10] 广州市安全生产宣传教育中心. 电工. 自编资料.
[11] 中华人民共和国建设部. JGJ 46—2005. 施工现场临时用电安全技术规范[S].
[12] 徐君贤. 电气实习[M]. 北京：机械工业出版社，2015.
[13] 曾祥富，邓朝平. 电工技能与实训[M]. 3 版. 北京：高等教育出版社，2011.
[14] GB 50054—2011. 低压配电设计规范[S].
[15] GB 2894—2008. 安全标志及其使用导则[S].
[16] GB 13495—1992. 消防安全标志[S].

APPENDIX A

附录A

学生实操手册

学生实操手册

工种____________________

班级____________________

学号____________________

姓名____________________

（注：本手册在所有实操内容结束后，填写完整后交给实操指导教师）

实 操 周 记

年　月　日　　　第　　周

<table>
<tr><td rowspan="2">实操任务</td><td colspan="2" rowspan="2"></td><td>设备、材料</td><td></td></tr>
<tr><td>工具、量具、刀具</td><td></td></tr>
<tr><td>实操过程记录</td><td colspan="4"></td></tr>
<tr><td>收获体会</td><td colspan="4"></td></tr>
<tr><td colspan="2">日常维护</td><td colspan="3">卫生（　　）；设备、工具、量具、刀具保养（　　）；其他（　　　）</td></tr>
<tr><td colspan="2">安全文明生产</td><td colspan="3">工作服（　　）；劳保防护用品（　　）；遵守规程守则（　　）</td></tr>
<tr><td colspan="2">工作态度</td><td colspan="3">出勤（　　）；早读（　　）；作业完成（　　），课堂纪律（　　）</td></tr>
<tr><td colspan="2">8S 情况</td><td colspan="3">整理（　　）；整顿（　　）；清扫（　　）；清洁（　　）
素养（　　）；安全（　　）；节约（　　）；学习（　　）</td></tr>
<tr><td>考核</td><td colspan="2"></td><td>指导教师签名</td><td></td></tr>
</table>

参加设备保养记录

所有实操的学生均要在教师的指导下参加设备保养，每周一小保，每月一中保，每学期一大保。本项无记录，实操总评成绩记为 0。

月份	设备名称	保 养 内 容	小组长签名
考核评分			

实操总结

APPENDIX B

附录B

工位设备交接表与实操过程管理

工位设备交接表

班级：______ 日期：____年__月__日 班次：日班□中班□ 指导教师：__________

序号	姓名	设备情况	文明生产	清洁情况	备注
			（优/良/中/差）	（优/良/中/差）	

实操过程要求

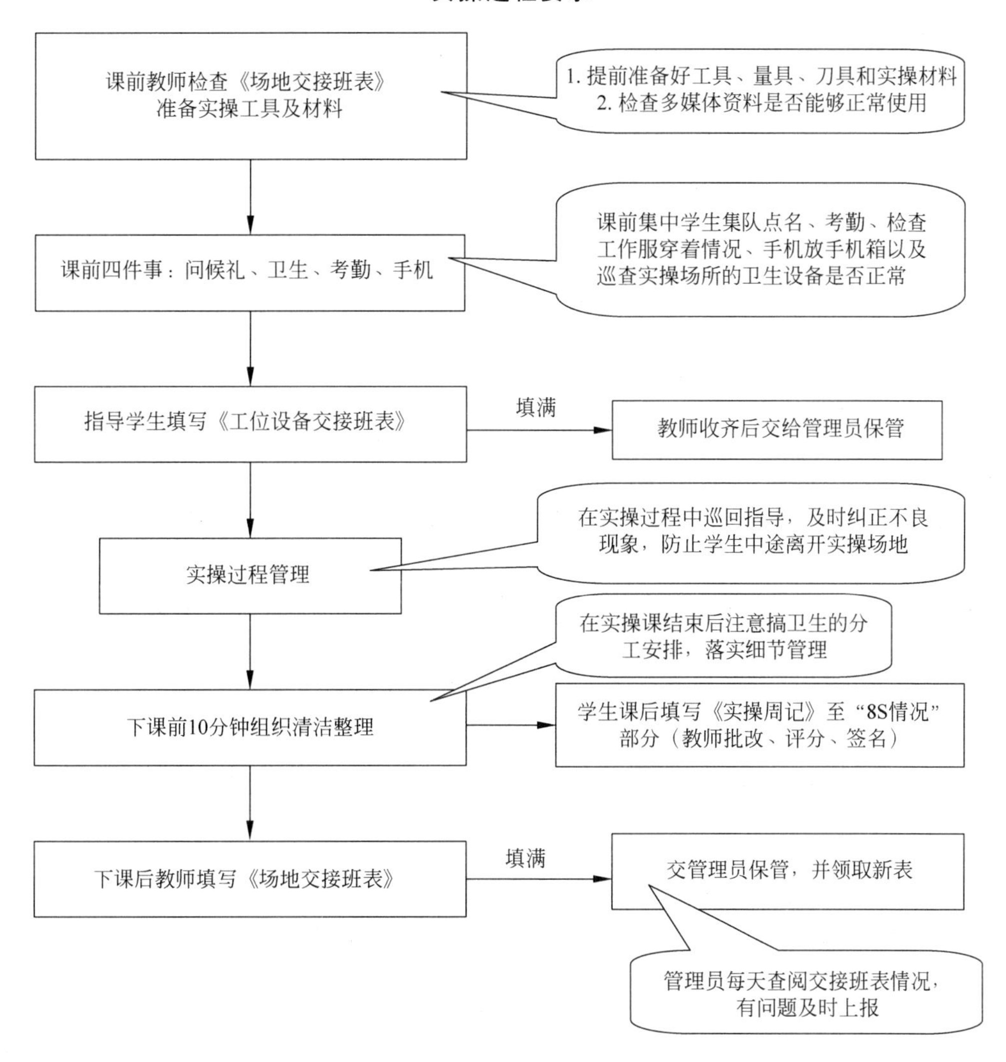
课前教师检查《场地交接班表》
准备实操工具及材料
1. 提前准备好工具、量具、刀具和实操材料
2. 检查多媒体资料是否能够正常使用
课前四件事：问候礼、卫生、考勤、手机
课前集中学生集队点名、考勤、检查工作服穿着情况、手机放手机箱以及巡查实操场所的卫生设备是否正常
指导学生填写《工位设备交接班表》
填满
教师收齐后交给管理员保管
实操过程管理
在实操过程中巡回指导，及时纠正不良现象，防止学生中途离开实操场地
在实操课结束后注意搞卫生的分工安排，落实细节管理
下课前10分钟组织清洁整理
学生课后填写《实操周记》至“8S情况”部分（教师批改、评分、签名）
下课后教师填写《场地交接班表》
填满
交管理员保管，并领取新表
管理员每天查阅交接班表情况，有问题及时上报

实操过程场地、设备管理

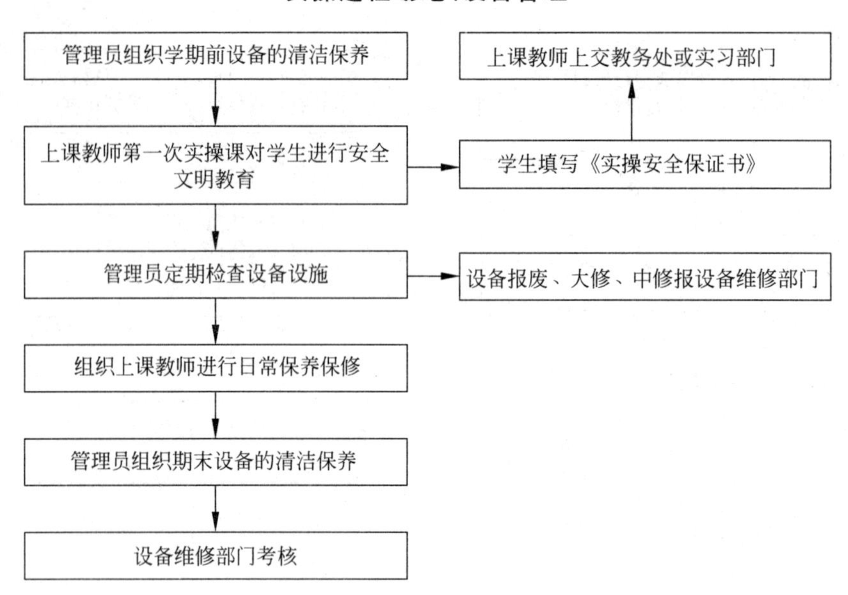
管理员组织学期前设备的清洁保养
上课教师上交教务处或实习部门
上课教师第一次实操课对学生进行安全文明教育
学生填写《实操安全保证书》
管理员定期检查设备设施
设备报废、大修、中修报设备维修部门
组织上课教师进行日常保养保修
管理员组织期末设备的清洁保养
设备维修部门考核

APPENDIX C

附录C

理论无纸化考核(练习)操作指引

无纸化考核介绍

一、概况

所谓无纸化考试一般是指通过电脑来进行考试,目前有三种形式。

(1) 单机模式,即每台电脑装一套考试系统及考题,考试完毕计算成绩。

(2) C/S模式,即在服务器上安装题库,在每台电脑上安装客户端程序:登录、抽题、考试、成绩传回服务器。

(3) B/S模式,即整个考试系统全部安装在服务器上,考试端只需打开浏览器界面即可,输入服务器URL即可调出页面登录、抽题、考试、评分、返回成绩等。

二、无纸化考试系统使用说明

由于设备条件等不同,在不同的地区,考试系统可能存在区别,下面以某特种设备作业人员考试系统为例简单介绍使用办法。

三、考试过程操作方法

(1) 输入网址,单击进入"特种设备作业人员考试系统"程序,出现如附图C-1所示界面。

(2) 输入准考证号码,出现如附图C-2所示界面。

(3) 单击"登录"按钮,出现如附图C-3所示界面,确认考试信息,如无错漏,单击"是的,开始考试"。

(4) 单项选择题作答界面中,在认为正确的选项上单击,如附图C-4所示;如需对已作题目进行修改,单击滚动条或左侧题目题号,找到所要修改的题目,在认为正确的选项上单击即可。

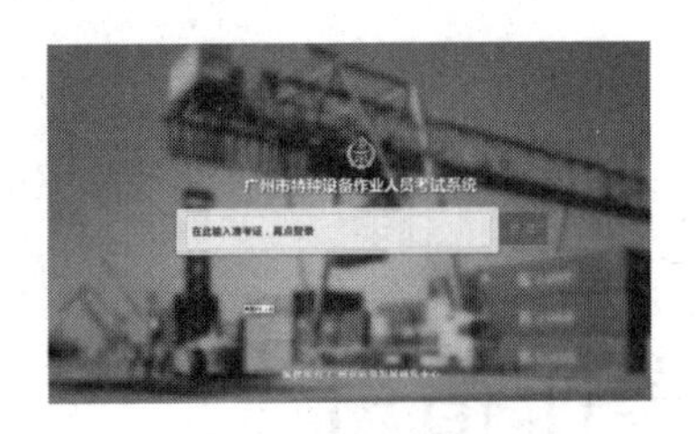

广州市特种设备作业人员考试系统

附图 C-1

广州市特种设备作业人员考试系统

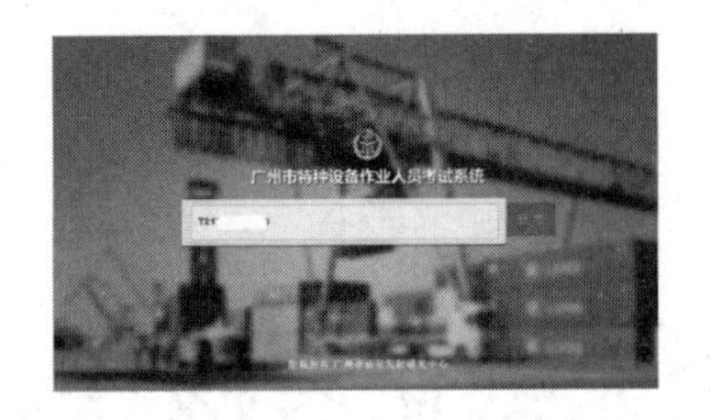

附图 C-2

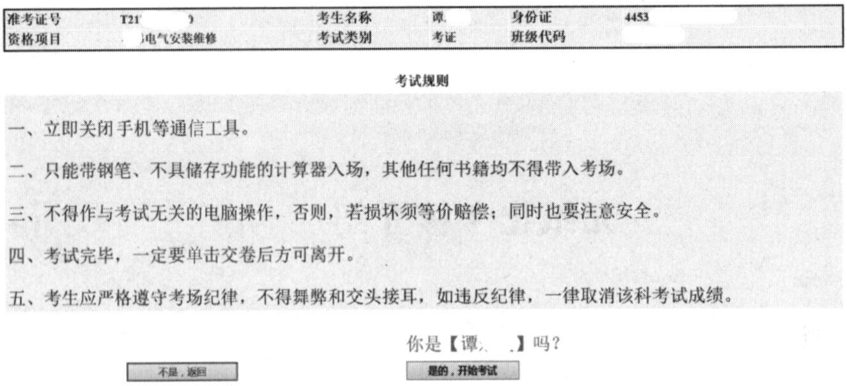

准考证号 T21
考生名称 谭
身份证 4453
资格项目 电气安装维修
考试类别 考证
班级代码
考试规则
一、立即关闭手机等通信工具。
二、只能带钢笔、不具储存功能的计算器入场，其他任何书籍均不得带入考场。
三、不得作与考试无关的电脑操作，否则，若损坏须等价赔偿；同时也要注意安全。
四、考试完毕，一定要单击交卷后方可离开。
五、考生应严格遵守考场纪律，不得舞弊和交头接耳，如违反纪律，一律取消该科考试成绩。
你是【谭 】吗？
不是，返回
是的，开始考试

附图 C-3

总共 100 题 还有 84 题未完成
剩余时间： 60 分钟
考生名称：谭
身份证号：4453
资格项目：电气安装维修
准考证号：T21
交卷
注意事项：
1、答题完成后，单击“交卷”
2、1 表示未作答试题
3、2 表示已作答试题
4、3 表示有疑问试题
5、多选题有一个或以上正确答案
6、屏幕右上角可以设置字体大小
试题导航栏
11、一只额定功率为1W，电阻值为100的电阻，允许通过的最大电流为（）。 [单选题] 置疑
A、10A；
B、1A；
C、0.1A；
D、0.01A；
答案：C
12、为（）而设置的平衡全部或部分轿厢自重的质量，叫平衡重。 [单选题] 置疑
A、安全；
B、操作方便；
C、节能；
D、设计方便
答案：C
13、异步电动机的能耗制动，是把电动机定子绕组接到（ ）上进行的。 [单选题] 置疑
A、反接电源；
B、直流电源；
C、保护接零；
D、保护接地
答案：B

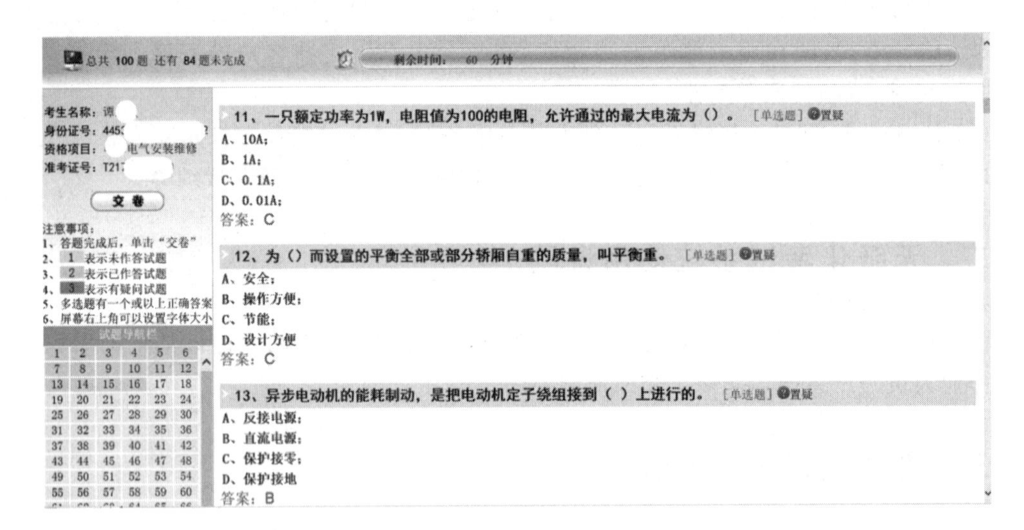

附图 C-4

(5) 多项选择题作答界面中，在认为正确的选项上单击，如附图 C-5 所示；如需对已作题目进行修改，单击滚动条或左侧题目题号，找到所要修改的题目，在认为正确的选项上单击鼠标即可。

(6) 判断题作答界面中，在认为正确的选项上单击，如附图 C-6 所示；如需对已作题目进行修改，单击滚动条或左侧题目题号，找到所要修改的题目，在另外选项上单击鼠标即可。

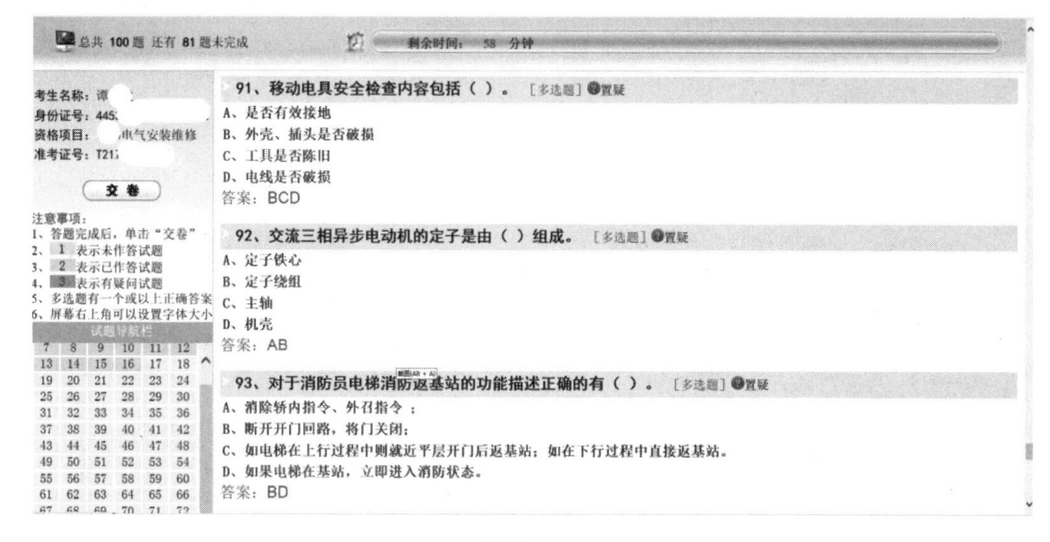

附图　C-5

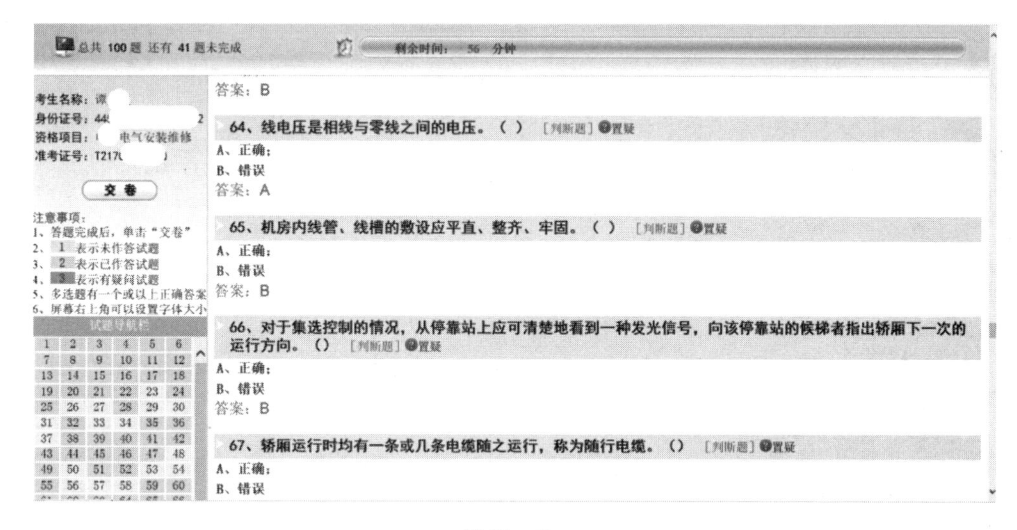

附图　C-6

（7）每一道题作答完毕，进入下一题作答，依此类推直至试卷最后；也可以单击左边题目题号，直接挑选题目作答。

（8）请留意左上角答题信息或左侧注意事项信息。作答完毕后，可以单击左边“交卷”按钮，进入如附图 C-7 所示界面。

（9）单击“取消”按钮退出此界面，可以继续进行考试；单击“确定”按钮将交卷，马上显示考试分数，出现如附图 C-8 所示界面(不管是否及格，不能重做)。

（10）如果考试结束时间已到(屏幕上方有显示剩余时间)，不管是否作答完毕，也不管是否单击“交卷”按钮，系统将自动交卷，并显示考试分数，如附图 C-9 所示。考试结束后，应尽快收拾个人物品，听从监考员指引，有顺序地离开考场。

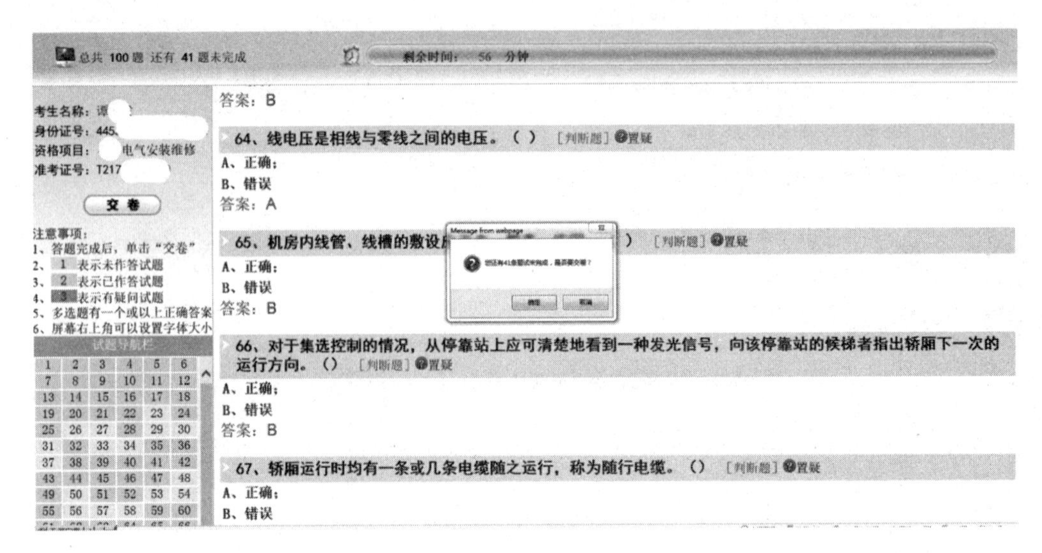

附图 C-7

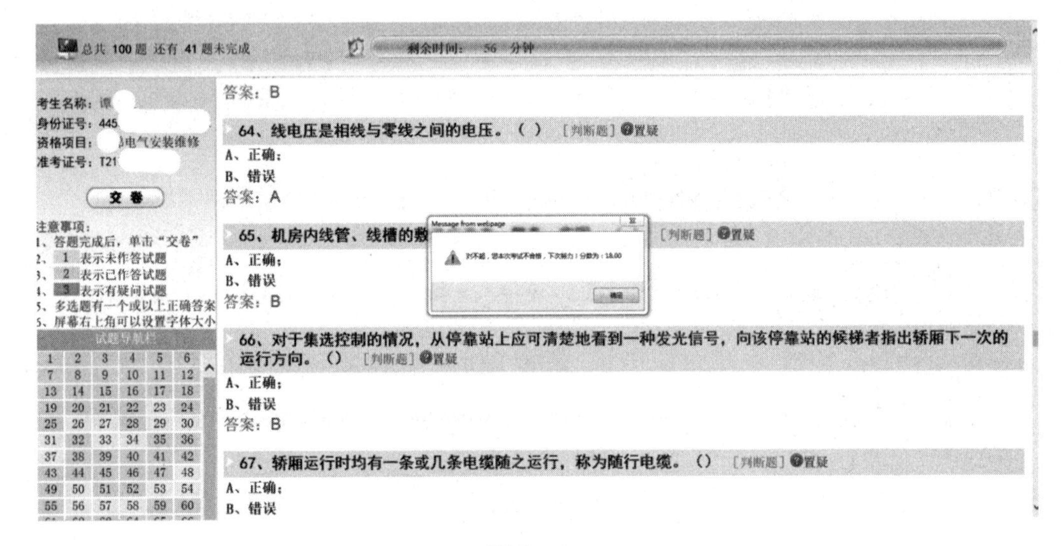

附图 C-8

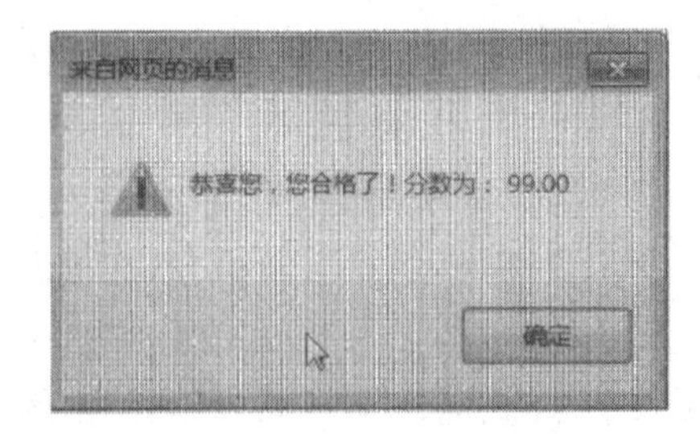

附图 C-9

四、手机无纸化练习介绍

由于设备条件等不同，在不同的地区，考试系统可能存在区别，本书以永久免费的电子作业与在线考试系统云平台“考试酷”(https：//www. examcoo. com)为例，介绍一个零安装、零维护和零成本的在线练习系统。

(1) 先安装“考试酷”软件(教师提前把题库导入系统)，点击“考试酷”软件界面，添加班级号申请进入，等待申请通过后点击“班级”出现如附图 C-10 所示画面，点击“电工上岗证2015 年版”出现如附图 C-11 所示画面，点击下方“练习”出现如附图 C-12 所示画面。

附图 C-10

附图 C-11

选择第一项“维修电工上岗证理论模拟考”可进行理论模拟考试。选择其他项，可进行相应理论题目的考试练习。

(2) 点击选择第一项“维修电工上岗证理论模拟考”后，会出现出现如附图 C-13 所示画面。点击“查看成绩”可查看过往成绩，点击“测试”和“逐题”都可进行电工上岗证理论模拟考试。“测试”是做完全部题目交卷后才出现成绩并能查看错误题目，“逐题”是每做一题出现一题的答案并可以看到累计所得分数。

(3) 点击“测试”后出现如附图 C-14 所示画面，点击“＞＞”按钮即可开始做题；点击答案后点击“＞＞”按钮即可进入下一题的作答。如附图 C-15 所示画面为判断题，如附图 C-16 所示画面为单选题。“测试”题目由软件从题库中随机生成，前 70 题为判断题，后 30 题为选择题，每次生成的题目均不同，与维修电工上岗证理论考试一样。

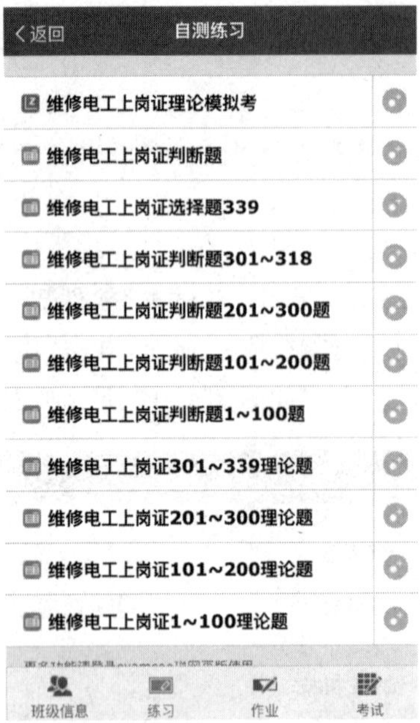

〈返回 自测练习

维修电工上岗证理论模拟考
维修电工上岗证判断题
维修电工上岗证选择题339
维修电工上岗证判断题301~318
维修电工上岗证判断题201~300题
维修电工上岗证判断题101~200题
维修电工上岗证判断题1~100题
维修电工上岗证301~339理论题
维修电工上岗证201~300理论题
维修电工上岗证101~200理论题
维修电工上岗证1~100理论题
班级信息 练习 作业 考试

附图 C-12

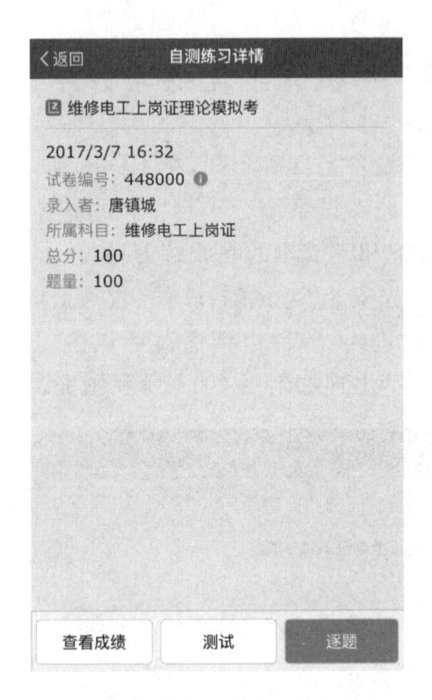

附图 C-13

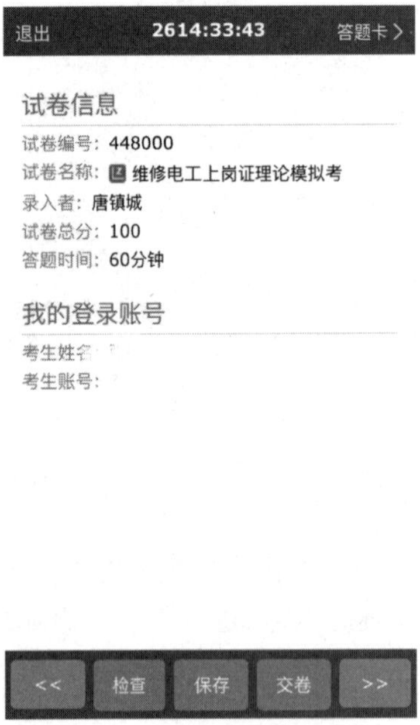

退出 2614:33:43 答题卡〉

试卷信息
试卷编号：448000
试卷名称：维修电工上岗证理论模拟考
录入者：唐镇城
试卷总分：100
答题时间：60分钟

我的登录账号
考生姓名：
考生账号：

附图 C-14

退出 00:00:34 答题卡〉

9 改变转子电阻调速这种方法只适用于绕线式异步电动机。（ ）[1分]

对 错

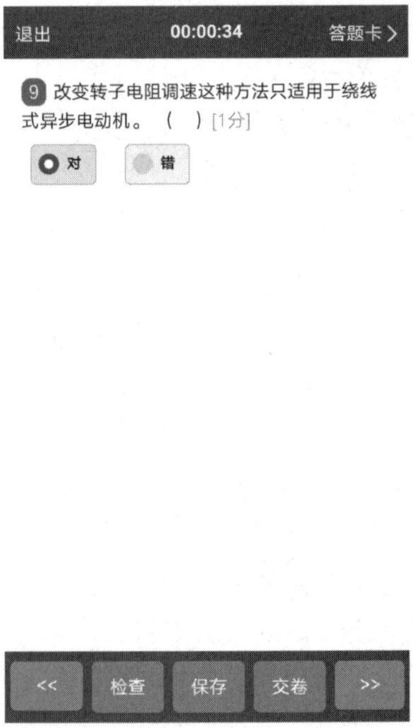

附图 C-15

(4) 当100道题目全部完成后，点击“交卷”即可提交试卷。若出现如附图C-17所示画面“注意：还有未答试题”，点击“取消”，再点击右上角的“答题卡”，出现如附图C-18所示画面：绿色为已作答题目序号，橘色为未作答题目序号，点击未作答题目序号即可继续答题。若要修改答案，点击需要修改的题目序号，进入题目后重新选择答案即可。

附图 C-16

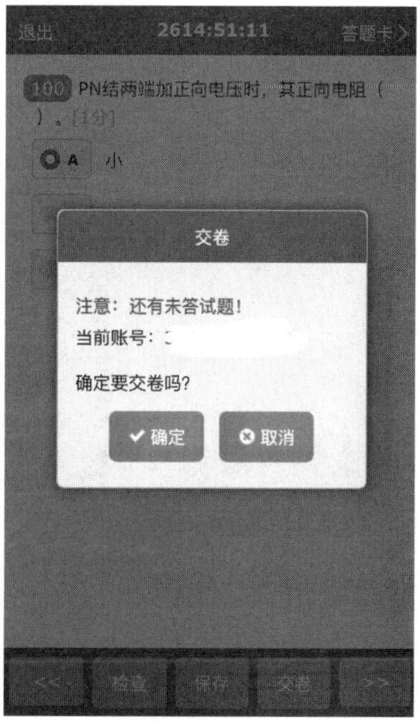

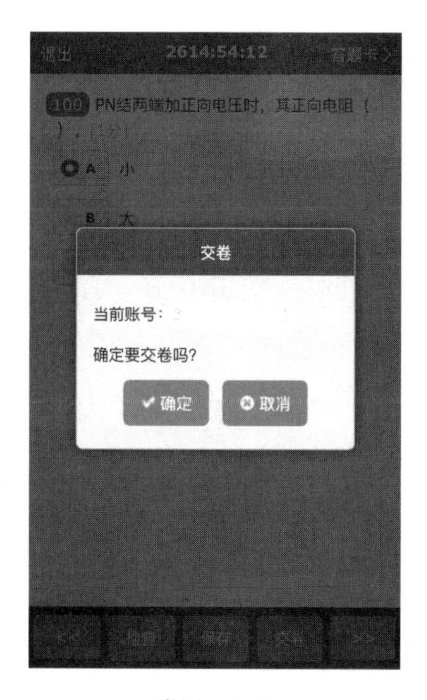

附图 C-17

（5）当100道题目全部完成后，点击“交卷”即可提交试卷，出现附图C-19所示画面。点击“确定”后出现附图C-20所示画面，会有考试用时、考试得分等信息出现。点击“评分卡”可查看自己做错的题目。

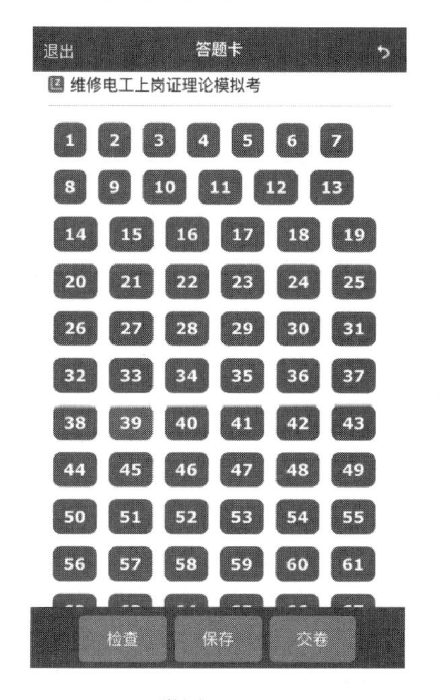

附图 C-18

附图 C-19

关闭　　查看答卷　　评分卡 〉

我的成绩

考生姓名:

考生账号: 3

交卷时间: 2018/2/24 16:17

考试用时: 9'06''

考试得分: 98

试卷信息

试卷编号: 448000

试卷名称: 维修电工上岗证理论模拟考

录入者: 唐镇城

试卷总分: 100

答题时间: 60分钟

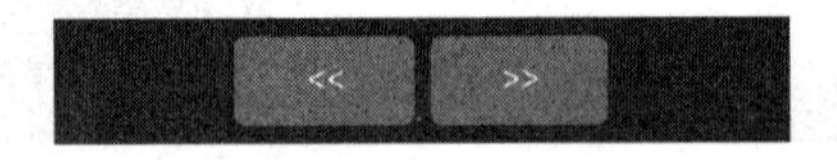

附图　C-20

APPENDIX D

附录D

实操考试卡及考核室设备零件配置

一、科目一

附表 D-1 为该科目考核室设备配置。

低压电工作业证实操考试题卡考题部分

安全用具使用考试题卡(考试时间：15 分钟。配分：20 分)

K11——电工仪表安全使用

考试内容

1. 口述万用表、钳形电流表、兆欧表、接地电阻测试仪的作用，根据布置的测量任务，选择合适的电工仪表。

2. 仪表使用前的检查。

3. 根据布置的测量任务进行实际使用测量并对测量结果进行判断。

(1) 测量交、直流电压、电阻。

(2) 测量三相交流电动机空载电流或照明电路电流。

(3) 测量三相交流电动机绝缘电阻。

(4) 测量接地电阻阻值是否合格。

4. 文明安全生产。

本小题只扣分不加分。违反安全穿着、无法正确选择合适的仪表或违反安全操作规范导致自身或仪表处于不安全状态，本项目为 0 分并终止本项目考试。

K12——电工安全用具使用

考试内容

1. 口述低压验电器、绝缘手套、绝缘鞋(靴)、安全帽、防护眼镜、安全带、携带型接地线、绝缘夹钳、绝缘垫、脚扣、登高板等安全用具的作用、使用场合及保养要点(考官抽取三种)。

2. 口述所选个人防护用品的保养要点。

3. 电工安全用具使用前的外观检查。

4. 遵循安全操作规程，正确使用个人防护用品(选择一种场景)。

5. 文明安全生产。

本小题只扣分不加分。违反安全穿着，本项目为0分并终止本项目考试。

K13——电工安全标识的辨识

考试内容

1. 熟悉常用低压电工的安全标识，指认图片上所列的安全标识(5个)。
2. 能对指定的安全标识的用途进行说明(5个)。
3. 按照指定的作业场景(图片)，正确布置相关的安全标识(2个)。
4. 文明安全生产。

本小题只扣分不加分。违反安全穿着，本项目为0分并终止本项目考试。

附表 D-1　科目一　安全用具使用考核室设备、设施、器材、仪表配置

序号	设备/设施/器材	备　注	数　量
1	指针式万用表	指针式万用表/符合相关标准	2只
2	数字式万用表	数字式万用表/符合相关标准	1只
3	数字式钳形电流表	数字式钳形电流表/符合相关标准	1只
4	指针式钳形电流表	指针式钳形电流表/符合相关标准	2只
5	500V 数字式兆欧表	数字式兆欧表/符合相关标准	1只
6	500V 指针式兆欧表	指针式兆欧表/符合相关标准	2只
7	1.5V 及 9V 电池	符合相关标准	各1只
8	木或水泥登杆(爬杆用)	用于登高作业	1根
9	测量电路电流(柜)	用于钳表测量负载(每路灯具不少于100W、三路或交流电动机)的交流电流	2台
10	低压三相异步电动机(角接)	符合相关标准	2台
11	测量电阻；交、直流电压箱	用于测量电阻，交、直流电压/符合相关标准	2个
12	低压验电器	电子感应和发光式验电笔/符合相关标准	各2支
13	高压绝缘手套、高压绝缘鞋	绝缘手套、绝缘鞋/符合相关标准	各1对
14	防护眼镜	护目镜/符合相关标准	2副
15	安全帽	JSP 安全帽、MSA 安全帽/符合相关标准	3个
16	安全带	符合相关标准	2条
17	登高板、脚扣	电工爬杆脚踏板、脚扣/符合相关标准	各1套
18	绝缘夹钳	高压绝缘夹钳/符合相关标准	1把
19	绝缘垫	符合相关标准	2张
20	电工安全标识牌	电工安全用电常用，不少于15张(不同内容)	各1个
21	电工安全标识挂画	电工安全用电常用，1批	各1个
22	接地电阻测量仪	符合相关标准	1只
23	携带型接地线	符合相关标准	1条

二、科目二

附表 D-2 为科目二考核室配置。

低压电工作业证实操考试题卡考题部分

安全操作技术考试题卡(考试时间：30分钟。配分：40分)

K21——电动机单向连续点动运转线路接线

考试内容

1. 按给定电气原理图，选择合适的电气元件及绝缘导线进行接线。

2. 通电前正确使用仪表检查线路，规范操作，工位整洁，确保不存在安全隐患。

3. 通电各项控制功能正常。

4. 口述：短路保护与过载保护的区别。

5. 文明安全生产。

本小题只扣分不加分。违反安全穿着、通电不成功、跳闸、熔断器烧毁、损坏设备、违反安全操作规范，本项目为0分并终止本项目考试。

K22——三相异步电动机正反运转线路接线

考试内容

1. 按给定电气原理图，选择合适的电气元件及绝缘导线进行接线(只接主电路)。

2. 通电前正确使用仪表检查线路，规范操作，工位整洁，确保不存在安全隐患。

3. 通电各项控制功能正常。

4. 正确进行以下操作。

(1) 正确使用控制按钮(控制开关)。

(2) 正确选用电动机用的熔断器的熔体或断路器。

(3) 正确选用保护接地、保护接零。

5. 文明安全生产。

本小题只扣分不加分。违反安全穿着、通电不成功、跳闸、熔断器烧毁、损坏设备、违反安全操作规范，本项目为0分并终止本项目考试。

说明：本题需根据现场考评情况确定接主电路或控制回路。

K23——单相电能表带照明灯的安装及接线

考试内容

1. 按给定电气原理图，选择合适的电气元件及绝缘导线进行接线。

2. 通电前正确使用仪表检查线路，规范操作，工位整洁，确保不存在安全隐患。

3. 通电各项控制功能正常。

4. 正确回答下列问题。

(1) 电能表的基本结构与原理。

(2) 日光灯电路的组成。

(3) 漏电保护器的正确选择与选用。

5. 文明安全生产。

本小题只扣分不加分。违反安全穿着、通电不成功、跳闸、熔断器烧毁、损坏设备、违反安全操作规范，本项目为0分并终止本项目考试。

K24——带熔断器(断路器)、仪表、电流互感器的电动机运行控制电路接线

考试内容

1. 按给定电气原理图，选择合适的电气元件及绝缘导线进行接线。

2. 通电前正确使用仪表检查线路，规范操作，工位整洁，确保不存在安全隐患。

3. 通电后各项控制功能正常，电流表正常显示。

4. 正确回答下列问题。

(1) 电流表、电流互感器的选用原则。

(2) 设负荷电流每相为80A,试选择电流互感器和电流表。

5. 文明安全生产。

本小题只扣分不加分。违反安全穿着、通电不成功、跳闸、熔断器烧毁、损坏设备、违反安全操作规范,本项目为0分并终止本项目考试。

K25——导线的连接

考试内容

1. 单股导线、多股导线的直接(平接)、分接(T接)、压接,正确规范。

2. 合理使用电工工具,不损坏工具,规范操作,工位整洁。

3. 绝缘胶带的正确使用。

4. 正确回答下列问题。

(1) 导线的连接方法有哪些。

(2) 根据给定的功率(或负载电流),估算选择导线的截面。

5. 文明安全生产。

本小题只扣分不加分。违反安全穿着工作、接头连接不紧密、松动,本项目为0分并终止本项目考试。

附表 D-2 科目二 安全操作技术考核室设备、设施、器材、仪表配置

序号	设备/设施/器材	参考器件	参考型号或实施任务(只供参考)	数量
1	动力考核柜	柜内含:三相电源开关(单、三相断路器各1只)、熔断器5只、交流接触器3只、电动机1台、电流互感器3只、热继电器2只、中间继电器2只、时间继电器2只、行程开关4只、接线端子若干等 柜门含有:组合按钮8只、转换开关1只、指示灯4只、电压表1只、电流表3只	本考核室设备可做电力拖动电路中多个基本电路考核,基本电路有:①电动机正、反转控制;②异步电动机点、连动控制;③具有过载保护自锁控制;④异步电动机两地控制;⑤异步电动机联锁正、反转控制;⑥双重联锁正、反转控制;⑦自动往返控制;⑧带熔断器(断路器)互感器的电动机运行控制	8台
2	照明考核柜	柜内含:电源开关(单相断路器3只、三相断路器1只),电能表2只,照明灯(白炽灯、荧光灯各1只),熔断器2只,漏电保护器1只,组合开关1只,单、双联开关各1只及接线端子	可实现照明电路和计量仪表接线等	3台
3	绝缘单股导线(BV)	1~16mm^2,绝缘硬铜导线BV或BVV	用于导线认识及连接	各1m
4	绝缘单、多股导线	绝缘硬铜(铝)导线	用于多股导线手工连接	5m
5	接线所用工具	绝缘胶钳、尖嘴钳、剥线钳、电工刀、螺丝刀、低压验电笔等		1套

三、科目三

附表 D-3 为科目三考核室现场配置。

低压电工作业证实操考试题卡考题部分

作业现场安全隐患排除考试题卡(考试时间：10 分钟。配分：20 分)

K31——判断作业现场存在的安全风险、职业危害

考试内容

1. 认真观察提供的作业现场、图片或视频,正确指出作业任务或用电环境。

2. 认真观察提供的作业现场、图片或视频,指出其中存在的安全风险或职业危害(抽取)。

可能涉及有：

(1) 现场作业时个人防护措施未做好。

(2) 作业现场乱拉电线或用电方法不安全。

(3) 现场作业时未放置相应的安全标识,如设备检修时,开关操作把手未挂“有人工作禁止合闸”标识。

(4) 带电设备未规范安全区域,未挂“止步　高压危险”标识。

(5) 倒闸操作时存在操作错误项。

(6) 应急处理方法不当。

(7) 作业现场工具乱摆放等。

K32——结合实际工作任务,排除作业现场存在的安全风险和职业危害

考试内容

1. 观察作业现场环境,明确作业任务,做好个人防护。

2. 认真观察提供的作业现场,排除作业现场存在的安全风险和职业危害(抽取)。

3. 进行安全操作。

附表 D-3　科目三　作业现场安全隐患排除安全操作技术考核室设备、设施、器材、仪表配置

序号	设备/设施/器材	参考器件	参考型号或实施任务	数量
1	动力考核柜	柜内含：三相电源开关(单、三相断路器各 1 只)、熔断器 5 只、交流接触器 3 只、电动机 1 台、电流互感器 3 只、热继电器 2 只、中间继电器 2 只、时间继电器 2 只、行程开关 4 只、接线端子若干等 柜门含：组合按钮 8 只、转换开关 1 只、指示灯 4 只、电压表 1 只、电流表 3 只	用于作业现场安全隐患及故障排除 本考核室设备可做电力拖动电路中多个基本电路考核,基本电路有：①电动机正、反转控制；②异步电动机点、连动控制；③具有过载保护自锁控制；④异步电动机两地控制；⑤异步电动机联锁正、反转控制；⑥双重联锁正、反转控制；⑦自动往返控制；⑧带熔断器(断路器)互感器的电动机运行控制电路	3 台

续表

序号	设备/设施/器材	参考器件	参考型号或实施任务	数量
2	照明考核柜	柜内含：电源开关(单相断路器3只、三相断路器1只)，电能表2只，照明灯(白炽灯、日光灯各1只)，熔断器2只，漏电保护器1只，组合开关1只，单、双联开关各1只及接线端子	用于作业现场安全隐患及故障排除可实现照明电路和计量仪表接线等	1台

四、科目四

附表D-4为科目四考核室配置。

低压电工作业证实操考试题卡考题部分

作业现场应急处置考试题卡(考试时间：10分钟。配分：20分)

K41——触电事故现场的应急处理

考试内容

1. 低压触电的断电应急程序。

口述发生低压断电，使触电者脱离电源的方法及注意事项。

2. 高压触电的断电应急程序。

口述发生高压断电，使触电者脱离电源的方法及注意事项。

3. 文明安全生产。

本小题只扣分不加分。违反则终止本项考试。

K42——单人徒手心肺复苏操作

考试内容

1. 口述如何判别触电者的状况。

2. 单人徒手心肺复苏操作。

K43——灭火器的选择与使用

考试内容

1. 能识别出各种灭火器(口述)。(注：二氧化碳、干粉、泡沫、水基灭火器等。)

2. 口述电气设备导致火灾的原因。

3. 口述使用灭火器时应注意的安全事项并现场模拟使用方法。

附表D-4 科目四 作业现场安全隐患排除安全操作技术考核室设备、设施、器材、仪表配置

序号	设备/设施/器材	参考型号	数量
1	安全帽、工作服、保护手套	棉料工作服：长袖，保护手套/符合相关标准	各2套
2	心肺复苏模拟人	符合相关标准	2套
3	急救箱	医药箱/符合相关标准	2个

续表

序号	设备/设施/器材	参考型号	数　量
4	一次性纱布、棉纱、棉签、止血药、绷带、酒精	医用/符合相关标准	若干
5	器材摆放架	符合相关标准	2个
6	佩戴台	符合相关标准/参考：1200mm（长）×600mm（宽）×100mm(高)	2个
7	手提式灭火器	各种不同类别(如手提式轻水泡沫灭火器、手提式干粉灭火器、手提式二氧化碳灭火器)/符合相关标准	各1个
8	火盆或模拟火灾现场	符合相关标准	1个

注：表中第8项推荐模拟火灾现场；使用火盆时应当采取措施确保用火安全。

APPENDIX E

附录E

《低压配电设计规范》(GB 50054—2011)

1. 总　　则

1.0.1 为使低压配电设计,做到保障人身和财产安全、节约能源、技术先进、功能完善、经济合理、配电可靠和安装运行方便,制订本规范。

1.0.2 本规范适用于新建、改建和扩建工程中的交流、工频1000V及以下的低压配电设计。

1.0.3 低压配电设计除应符合本规范外,尚应符合国家现行有关标准的规定。

2. 术　　语

2.0.1 预期接触电压　prospective touch voltage

人或动物尚未接触到可导电部分时,可能同时触及的可导电部分之间的电压。

2.0.2 约定接触电压限值　conventional prospective touch voltage limit

在规定的外界影响条件下,允许无限定时间持续存在的预期接触电压的最大值。

2.0.3 直接接触　direct contact

人或动物与带电部分的电接触。

2.0.4 间接接触　indirect contact

人或动物与故障状况下带电的外露可导电部分的电接触。

2.0.5 直接接触防护　protection against direct contact

无故障条件下的电击防护。

2.0.6 间接接触防护　protection against indirect contact

单一故障条件下的电击防护。

2.0.7 附加防护　additional protection

直接接触防护和间接接触防护之外的保护措施。

2.0.8 伸臂范围　arm's reach

从人通常站立或活动的表面上的任一点延伸到人不借助任何手段,向任何方向能用手达到的最大范围。

2.0.9 外护物　enclosure

能提供与预期应用相适应的防护类型和防护等级的外罩。

2.0.10 保护遮栏 protective barrier

为防止从通常可能接近方向直接接触而设置的防护物。

2.0.11 保护阻挡物 protective obstacle

为防止无意的直接接触而设置的防护物。

2.0.12 电气分隔 electrical separation

将危险带电部分与所有其他电气回路和电气部件绝缘以及与地绝缘,并防止一切接触的保护措施。

2.0.13 保护分隔 protective separation

用双重绝缘、加强绝缘或基本绝缘和电气保护屏蔽的方法将一电路与其他电路分隔。

2.0.14 特低电压 extra-low voltage

相间电压或相对地电压不超过交流均方根值50V的电压。

2.0.15 SELV系统 SELV system

在正常条件下不接地,且电压不能超过特低电压的电气系统。

2.0.16 PELV系统 PELV system

在正常条件下接地,且电压不能超过特低电压的电气系统。

2.0.17 FELV系统 FELV system

非安全目的而为运行需要的电压不超过特低电压的电气系统。

2.0.18 等电位连接 equipotential bonding

多个可导电部分间为达到等电位进行的连接。

2.0.19 保护等电位连接 protective equipotential bonding

为了安全目的进行的等电位连接。

2.0.20 功能等电位连接 functional equipotential bonding

为保证正常运行进行的等电位连接。

2.0.21 总等电位连接 main equipotential bonding

在保护等电位连接中,将总保护导体、总接地导体或总接地端子、建筑物内的金属管道和可利用的建筑物金属结构等可导电部分连接到一起。

2.0.22 辅助等电位连接 supplementary equipotential bonding

在导电部分间用导线直接连通,使其他电位相等或接近,而实施的保护等电位连接。

2.0.23 局部等电位连接 local equipotential bonding

在一局部范围内将各导电部分连通,而实施的保护等电位连接。

2.0.24 接地故障 earth fault

带电导体和大地之间意外出现导电通路。

2.0.25 导管 conduit

用于绝缘导线或电缆可以从中穿入或更换的圆形断面的部件。

2.0.26 电缆槽盒 cable tray

用于将绝缘导线、电缆、软电线完全包围起来且带有可转移盖子的底座组成的封闭外壳。

2.0.27 电缆托盘 cable brackets

带有连续底盘和侧边,没有盖子的电缆支撑物。

2.0.28 电缆梯架 cable ladder

带有牢固地固定在纵向主支撑组件上的一系列横向支撑构件的电缆支撑物。

2.0.29 电缆支架 cable brackets

仅有一端固定的、间隔安置的水平电缆支撑物。

2.0.30 移动设备 mobile equipment

运行时可移动或在与电源相连接时易于由一处移到另一处的电气设备。

2.0.31 手持设备 hand-held equipment

正常使用时握在手中的电气设备。

2.0.32 开关电器 switching device

用于接通或分断电路中电流的电器。

2.0.33 开关 switching

在电路正常的工作条件或过载工作条件下能接通、承载和分断电流,也能在短路等规定的非正常条件下承载电流一定时间的一种机械开关电器。

2.0.34 隔离开关 switch disconnector

在断开位置上能满足对隔离器的隔离要求的开关。

2.0.35 隔离电器 device for isolation

具有隔离功能的电器。

2.0.36 断路器 circuit breaker

能接通、承载和分断正常电路条件下的电流,也能在短路等规定的非正常条件下接通、承载电流一定时间和分断电流的一种机械开关电器。

2.0.37 矿物绝缘电缆 mineral insulated cables

在同一金属护套内,由经压缩的矿物粉绝缘的一根或数根导体组成的电缆。

3. 电器和导体的选择

3.1 电器的选择

3.1.1 低压配电设计所选用的电器应符合国家现行的有关产品标准,并应符合下列规定。

(1) 电器应适应所在场所及其环境条件;

(2) 电器的额定频率应与所在回路的频率相适应;

(3) 电器的额定电压应与所在回路标称电压相适应;

(4) 电器的额定电流不应小于所在回路的计算电流;

(5) 电器应满足短路条件下的动稳定与热稳定要求;

(6) 用于断开短路电流的电器应满足短路条件下的接通能力和分断能力。

3.1.2 验算电器在短路条件下的接通能力和分段能力应采用接通或分断时安装处预期短路电流,当短路点附近所接电动机额定电流之和超过短路电流的1%时,应计入电动机反馈电流的影响。

3.1.3 当维护、测试和检修设备需断开电源时,应设置隔离电器。隔离电器宜采用同时断开电源所有极的隔离电器或彼此靠近的单极隔离电器。当隔离电器误操作会造成严重事故时,应采取防止误操作的措施。

3.1.4 在TN-C系统中不应将保护接地中性导体隔离,严禁将保护接地中性导体接入开关电器。

3.1.5 隔离电器应符合下列规定。

(1) 断开触头之间的隔离距离,应可见或能明显标识“闭合”和“断开”状态;

(2) 隔离电器应能防止意外的闭合;

(3) 应有防止意外断开隔离电器的锁定措施。

3.1.6 隔离电器应采用下列电器。

(1) 单极或多极隔离电器、隔离开关或隔离插头;

(2) 插头与插座;

(3) 连接片;

(4) 不需要拆除导线的特殊端子;

(5) 熔断器;

(6) 具有隔离功能的开关的断路器。

3.1.7 半导体开关电器严禁作为隔离电器。

3.1.8 独立控制电气装置的电路的每一部分均应装设功能性开关电器。

3.1.9 功能性开关电器可采用下列电器。

(1) 开关;

(2) 半导体开关电器;

(3) 断路器;

(4) 接触器;

(5) 继电器;

(6) 16A 及以下的插头和插座。

3.1.10 隔离器、熔断器和连接片严禁作为功能性开关电器。

3.1.11 剩余电流动作保护电器的选择应符合下列规定。

(1) 除在 TN-S 系统中,当中性导体为可靠地地电位时可不断开外,应能断开所保护回路的所有带点导体;

(2) 剩余电路动作保护电器的额定剩余不动作电流,应大于在负荷正常运行时预期出现的对地泄漏电流;

(3) 剩余电流动作保护电器的类型,应根据接地故障的类型按现行国家标准 GB/Z 6829《剩余电流动作保护电器的一般要求》的有关规定确定。

3.1.12 采用剩余电流动作保护电器作为间接接触防护电器的回路时,必须装设保护导体。

3.1.13 在 TT 系统中,除电气装置的电源进线端与保护电器之间的电气装置符合现行国家标准 GB/T 17045《电击防护装置和设备的通用部分》规定的Ⅱ类设备的要求或绝缘水平与Ⅱ类设备相同外,当仅用一台剩余电流动作保护电器保护电气装置时,应将保护电器布置在电气装置的电源进线端。

3.1.14 在 IT 系统中,当采用剩余电流动作保护电器保护电气装置,且在第一次故障不断开电路时,其额定剩余不动作电流值不应小于第一次对地故障时流经故障回路的电流。

3.1.15 在符合下列情况时,应选用具有断开中性极的开关电器。

(1) 有中性导体的 IT 系统与 TT 系统或 TN 系统之间的电源转换开关电器；

(2) TT 系统中，当负荷侧有中性导体时选用隔离电器；

(3) IT 系统中，当有中性导体时选用开关电器。

3.1.16 在电路中需防止电流流经不期望的路径时，可选用具有断开中性极的开关电器。

3.1.17 在 IT 系统中安装的绝缘监测电器，应能连续监测电气装置的绝缘。绝缘监测电器应只有使用钥匙或工具才能改变其整定值，其测试电压和绝缘电阻整定值应符合下列规定。

(1) SELV 和 PELV 回路的测试电压应为 250V，绝缘电阻整定值应低于 0.5MΩ；

(2) SELV 和 PELV 回路以外且不高于 500V 回路的测试电压应为 500V，绝缘电阻整定值应低于 0.5MΩ；

(3) 高于 500V 回路的测试电压应为 1000V，绝缘电阻整定值应低于 1.0MΩ。

3.2 导体的选择

3.2.1 导体的类型应按敷设方式及环境条件选择。绝缘导体除满足上述条件外，尚应符合工作电压的要求。

3.2.2 选择导体截面应符合下列要求。

(1) 按敷设方式及环境条件确定的导体载流量不应小于计算电流；

(2) 导体应满足线路保护的要求；

(3) 导体应满足动稳定与热稳定的要求；

(4) 线路电压损失应满足用电设备正常工作及启动时端电压的要求；

(5) 导体最小截面应满足机械强度的要求。固定敷设的导体最小截面，应根据敷设方式、绝缘子支持点间距和导体材料按表 3.2.2 的规定确定；

(6) 用于负荷长期稳定的电缆，经技术经济比较确认合理时，可按经济电流密度选择导体截面，且应符合现行国家标准 GB 50217《电力工程电缆设计规范》的有关规定。

表 3.2.2 固定敷设的导体最小截面

敷设方式	绝缘子支撑点间距/m	导体最小截面/mm^2	
		铜导体	铝导体
裸导体敷设在绝缘子上	—	10	16
绝缘导体敷设在绝缘子上	≤2	1.5	10
	>2，且≤6	2.5	10
	>6，且≤16	4	10
	>16，且≤25	6	10
绝缘导体穿导管敷设或在槽盒中敷设	—	1.5	10

3.2.3 导体的负荷电流在正常持续运行中产生的温度不应使绝缘的温度超过表 3.2.3 的规定。

表 3.2.3 各类绝缘最高运行温度 单位：℃

绝 缘 类 型	导体的绝缘	护套
聚氯乙烯	70	—
交联氯乙烯和乙丙橡胶	90	—
聚氯乙烯护套矿物绝缘电缆或可触及的裸护套矿物绝缘电缆	—	70
不允许触及和不与可燃物相接处的裸护套矿物绝缘电缆	—	105

3.2.4 绝缘导体和无铠装电缆的载流量以及载流量的校正系数，应按现行国家标准GB/T 16895.15《建筑物电气装置》第 5 部分：电气设备的选择和安装第 523 节：布线系统载流量的有关规定确定。铠装电缆的载流量以及载流量的校正系数，应按现行国家标准GB 50217《电力工程电缆设计规范》的有关规定确定。

3.2.5 绝缘导体或电缆敷设处的环境温度应按表 3.2.5 的规定。

表 3.2.5 绝缘导体或电缆敷设出的环境温度

<table>
<tr><th>电缆敷设场所</th><th>有无机械通风</th><th>选取的环境温度</th></tr>
<tr><td>土中直埋</td><td>—</td><td>埋深处的最热月平均地温</td></tr>
<tr><td>水下</td><td>—</td><td>最热月的日最高水温平均值</td></tr>
<tr><td>户外空气中、电缆沟</td><td>—</td><td>最热月的日最高温度平均值</td></tr>
<tr><td rowspan="2">有热源设备的厂房</td><td>有</td><td>通风设计规范</td></tr>
<tr><td>无</td><td>最热月的最高温度平均值另加 5℃</td></tr>
<tr><td rowspan="2">一般性厂房及其他建筑物内</td><td>有</td><td>通风设计温度</td></tr>
<tr><td>无</td><td>最热月的日最高温度平均值</td></tr>
<tr><td>户内电缆沟</td><td rowspan="2">无</td><td rowspan="2">最热月的日最高温度平均值另加 5℃</td></tr>
<tr><td>隧道、电气竖井</td></tr>
<tr><td>隧道、电气竖井</td><td>有</td><td>通风设计规范</td></tr>
</table>

注：数量较多的电缆工作温度大于 70℃ 的电缆敷设于未装机械通风的隧道、电气竖井时，应计入对环境温升的影响，不能直接采取仅加 5℃。

3.2.6 当电缆沿敷设路径中各场所的散热条件不相同时，电缆的散热条件应按最不利的场所确定。

3.2.7 符合下列情况之一的线路，中性导体的截面应与相导体的截面相同。

(1) 单相两线制线路；

(2) 铜相导体截面小于等于 $16mm^2$ 或铝相导体截面小于等于 $25mm^2$ 的三相四线线路。

3.2.8 符合下列条件的线路，中性导体截面可小于相导体截面。

(1) 铜相导体截面大于 $16mm^2$ 或铝相导体截面大于 $25mm^2$；

(2) 铜中性导体截面大于等于 $16mm^2$ 或铝中性导体截面大于等于 $25mm^2$；

(3) 在正常工作时，包括谐波电流在内的中性导体预期最大电流小于等于中性导体的允许载流量；

(4) 中性导体已进行了过电流保护。

3.2.9 在三相四线制线路中存在谐波电流时，计算中性导体的电流应计入谐波电流的效应。当中性导体电流大于相导体电流时，电缆相导体截面应按中性导体电流选择。当三相平衡系统中存在谐波电流，4 芯或 5 芯电缆内中性导体与相导体材料相同和截面相等时，电缆载流量的降低系数应按表3.2.9的规定确定。

表3.2.9 电缆载流量的降低系数

相电流中三次谐波分量/%	降低系数	
	按相电流选择截面	按中性导体电流选择截面
0～15	1.0	—
>15,且≤33	0.86	—
>33,且≤45	—	0.86
>45	—	1.0

3.2.10 在配电线路中固定敷设的铜保护接地中性导体的截面积不应小于 $10mm^2$,铝保护接地中性导体的截面积不应小于 $16mm^2$。

3.2.11 保护接地中性导体应按预期出现的最高电压进行绝缘。

3.2.12 当从电气系统的某一点起,由保护接地中性导体改变为单独的中性导体和保护导体时,应符合下列规定。

(1) 保护导体和中性导体应分别设置单独的端子或母线;

(2) 保护接地中性导体应首先接到为保护导体设置的端子或母线上;

(3) 中性导体不用连接到电气系统的任何其他的接地部分。

3.2.13 装置外可导电部分严禁作为保护接地中性导体的一部分。

3.2.14 保护导体截面积的选择应符合下列规定。

(1) 应能满足电气系统间接接触防护自动切断电源的条件,且能承受预期的故障电流或短路电流。

(2) 保护导体的截面积应符合式(3.2.14)的要求,或按表3.2.14的规定确定。

$$S \geqslant \frac{I}{k}\sqrt{t} \tag{3.2.14}$$

式中,S——保护导体的截面积(mm^2);

I——通过保护电器的预期故障电流或短路电流[交流均方根值](A);

t——保护电器自动切断电流的动作时间(s);

k——系数,按本书附录F中表F.0.1计算或按表F.0.2～F.0.6确定。

表3.2.14 保护导体的最小截面积 单位:mm^2

相导体截面积	保护导体的最小截面积	
	保护导体与相导体使用相同材料	保护导体与相导体使用不同材料
≤16	S	$\frac{S\times k_1}{k_2}$
>16,且≤35	16	$\frac{16\times k_1}{k_2}$
>35	—	$\frac{S\times k_1}{2\times k_2}$

注:①S——相导体截面积;②k_1——相导体的系数,应按本书附录F中表F.0.7的规定确定;③k_2——保护导体的系数,应按本书附录F中表F.0.2～表F.0.6的规定确定。

(3) 电缆外的保护导体或不与相导体共处于同一外护物内的保护导体，其截面积应符合下列规定。

① 有机械损伤防护时，铜导体不应小于 $2.5mm^2$，铝导体不应小于 $16mm^2$；

② 无机械损伤防护时，铜导体不应小于 $4mm^2$，铝导体不应小于 $16mm^2$。

(4) 当两个或更多个回路共用一个保护导体时，其截面积应符合下列规定。

① 应根据回路中最严重的预期故障电流或短路电流和动作时间确定截面积，并应符合式(3.2.14)的要求；

② 对应于回路中的最大相导体截面积时，应按表 3.2.14 的规定确定。

(5) 永久性连接的用电设备的保护导体预期电流超过 10mA 时，保护导体的截面积应按下列条件之一确定。

① 铜导体不应小于 $10mm^2$ 或铝导体不应小于 $16mm^2$；

② 当保护导体小于本款第①项规定时，应为用电设备敷设第二根保护导体，其截面积不应小于第一根保护导体的截面积，第二根保护导体应一直敷设到截面积大于等于 $10mm^2$ 的铜保护导体或 $16mm^2$ 的铝保护导体处，并应为用电设备的第二根保护导体设置单独的接线端子；

③ 当铜保护导体与铜相导体在一根多芯电缆中时，电缆中所有铜导体截面积的总和不应小于 $10mm^2$；

④ 当保护导体安装在金属导管内并与金属导管并接时，应采用截面积大于等于 $2.5mm^2$ 的铜导体。

3.2.15 总等电位连接用保护连接导体的截面积，不应小于配电线路的最大保护导体截面积的 1/2，保护连接导体截面积的最小值和最大值应符合表 3.2.15 的规定。

表 3.2.15 保护连接导体截面积的最小值和最大值 单位：mm^2

导体材料	最小值	最 大 值
铜	6	25
铝	16	按载流量与 $25mm^2$ 铜导体的载流量相同确定
钢	50	

3.2.16 辅助等电位连接用保护连接导体截面积的选择应符合下列规定。

(1) 连接两个外露可导电部分的保护连接导体，其电导不应小于接到外露可导电部分的较小的保护导体的电导；

(2) 连接外露可导电部分和装置外可导电部分的保护连接导体，其电导不应小于相应保护导体截面积 1/2 的导体所具有的电导；

(3) 单独敷设的保护连接导体，其截面积应符合本规范第 3.2.14 条第(3)款的规定。

3.2.17 局部等电位连接用保护连接导体截面积的选择应符合下列规定。

(1) 保护连接导体的电导不应小于局部场所内最大保护导体截面积 1/2 的导体所具有的电导；

(2) 保护连接导体采用铜导体时，其截面积最大值为 $25mm^2$；保护连接导体为其他金属导体时，其截面积最大值应按其与 $25mm^2$ 铜导体的载流量相同确定；

(3) 单独敷设的保护连接导体，其截面积应符合本规范第 3.2.14 条第(3)款的规定。

4. 配电设备的布置

4.1 一般规定

4.1.1 配电室的位置应靠近用电负荷中心，设置在尘埃少、腐蚀介质少、周围环境干燥和无剧烈振动的场所，并宜留有发展余地。

4.1.2 配电设备的布置必须遵循安全、可靠、适用和经济等原则，并应便于安装、操作、搬运、检修、试验和监测。

4.1.3 配电室内除本室需用的管道外，不应有其他的管道通过。室内水、汽管道上不应设置阀门和中间接头；水、汽管道与散热器的连接应采用焊接，并应做等电位连接。配电屏的上方及电缆沟内不应敷设水、汽管道。

4.2 配电设备布置中的安全措施

4.2.1 落地式配电箱的底部宜抬高，高出地面的高度室内不应低于 50mm，室外不应低于 200mm；其底座周围应采取封闭措施，并应能防止鼠、蛇类等小动物进入箱内。

4.2.2 同一配电室内相邻的两段母线，当任一段母线有一级负荷时，相邻的两段母线之间应采取防火措施。

4.2.3 高压及低压配电设备设在同一室内，且两者有一侧柜有裸露的母线时，两者之间的净距不应小于 2m。

4.2.4 成排布置的配电屏，其长度超过 6m 时，屏后的通道应设 2 个出口，并宜布置在通道的两端，当两出口之间的距离超过 15m 时，其间尚应增加出口。

4.2.5 当防护等级不低于现行国家标准 GB 4208《外壳防护等级(IP 代码)》规定的 IP2X 级时，成排布置的配电屏通道最小宽度应符合表 4.2.5 的规定。

表 4.2.5 成排布置的配电屏通道最小宽度 单位：m

配电屏		单排布置			双排面对面布置			双排背对背布置			多排同向布置			屏侧通道
		屏前	屏后		屏前	屏后		屏前	屏后		屏间	前、后排屏距墙		
			维护	操作		维护	操作		维护	操作		前排屏前	后排屏后	
固定式	不受限制时	1.5	1.1	1.2	2.1	1	1.2	1.5	1.5	2.0	2.0	1.5	1.0	1.0
	受限制时	1.3	0.8	1.2	1.8	0.8	1.2	1.3	1.3	2.0	1.8	1.3	0.8	0.8
抽屉式	不受限制时	1.8	1.0	1.2	2.3	1.0	1.2	1.8	1.0	2.0	2.3	1.8	1.0	1.0
	受限制时	1.6	0.8	1.2	2.1	0.8	1.2	1.6	0.8	2.0	2.1	1.6	0.8	0.8

注：① 受限制时是指受到建筑平面的限制、通道内有柱等局部突出物的限制。

② 屏后操作通道是指需在屏后操作运行中的开关设备的通道。

③ 背靠背布置时屏前通道宽度可按本表中双排背对背布置的屏前尺寸确定。

④ 控制屏、控制柜、落地式动力配电箱前后的通道最小宽度可按本表确定。

⑤ 挂墙式配电箱的箱前操作通道宽度，不宜小于 1m。

4.2.6 配电室通道上方裸带电体距地面的高度不应低于 2.5m；当低于 2.5m 时，应设置不低于现行国家标准 GB 4208《外壳防护等级(IP 代码)》的规定的 IP××B 级或 IP2×级的遮拦或外护物，遮拦或外护物底部距地面的高度不应低于2.2m。

4.3 对建筑物的要求

4.3.1 配电室屋顶承重构件的耐火等级不应低于二级，其他部分不应低于三级。当配电室与其他场所毗邻时，门的耐火等级应按两者中耐火等级高的确定。

4.3.2 配电室长度超过7m时，应设2个出口，并宜布置在配电室两端。当配电室双层布置时，楼上配电室的出口应至少设一个通向该层走廊或室外的安全出口。配电室的门均应向外开启，但通向高压配电室的门应为双向开启门。

4.3.3 配电室的顶棚、墙面及地面的建筑装修，应使用不易积灰和不易起灰的材料；顶棚不应抹灰。

4.3.4 配电室内的电缆沟，应采取防水盒排水措施。配电室的地面宜高出本层地面50mm或设置防水门槛。

4.3.5 当严寒地区冬季室温影响设备正常工作时，配电室应采暖。夏热地区的配电室，还应根据地区气候情况采取隔热、通风或空调等降温措施。有人值班的配电室，宜采用自然采光。在值班人员休息间内宜设给水、排水设施，附近无厕所时宜设厕所。

4.3.6 位于地下室和楼层内的配电室，应设设备运输通道，并应设有通风和照明设施。

4.3.7 配电室的门、窗关闭应密合；与室外相通的洞、通风孔应设防止鼠、蛇类等小动物进入的网罩，其防护等级不宜低于现行国家标准GB 4208《外壳防护等级(IP代码)》规定的IP3X级。直接与室外露天相通的通风孔尚应采取防止雨、雪飘入的措施。

4.3.8 配电室不宜设在建筑物地下室最底层。设在地下室最底层时，应采取防止水进入配电室内的措施。

5. 电气装置的电击防护

5.1 直接接触防护措施

(Ⅰ) 将带电部分绝缘

5.1.1 带电部分应全部用绝缘层覆盖，其绝缘层应能长期承受在运行中遇到的机械、化学、电气及热的各种不利影响。

(Ⅱ) 采用遮栏或外护物

5.1.2 标称电压超过交流均方根值25V容易被触及的裸带电体，应设置遮栏或外护物，其防护等级不应低于现行国家标准GB 4208《外壳防护等级(IP代码)》规定的IP××B级或IP2×级。为更换灯头、插座或熔断器之类部件，或为实现设备的正常功能所需的开孔，在采取了下列两项措施后除外。

(1) 设置防止人、畜意外触及带电部分的防护措施；

(2) 在可能触及带电部分的开孔处，设置“禁止触及”的标志。

5.1.3 可触及的遮栏或外护物的顶面，其防护等级不应低于现行国家标准GB 4208《外壳防护等级(IP代码)》规定的IP××D级或IP4×级。

5.1.4 遮栏或外护物应稳定、耐久、可靠地固定。

5.1.5 需要移动的遮栏以及需要打开或拆下部件的外护物，应采用下列防护措施之一。

(1) 只有使用钥匙或其他工具才能移动、打开、拆下遮栏或外护物；

(2) 将遮栏或外护物所保护的带电部分的电源切断后，只有在重新放回或重新关闭遮栏或外护物后才能恢复供电；

(3) 设置防护等级不低于现行国家标准 GB 4208《外壳防护等级(IP 代码)》规定的 IP××B 级或 IP2×级的中间遮栏,并应能防止触及带电部分且只有使用钥匙或工具才能移开。

5.1.6 按本规范第 5.1.2 条设置的遮栏或外护物与裸带电体之间的净距应符合下列规定。

(1) 采用网状遮栏或外护物时,不应小于 100mm;

(2) 采用板状遮栏或外护物时,不应小于 50mm。

(Ⅲ) 采用阻挡物

5.1.7 当裸带电体采用遮栏或外护物防护有困难时,在电气专用房间或区域宜采用栏杆或网状屏障等阻挡物进行防护,阻挡物应能防止人体无意识地接近裸带电体和在操作设备过程中人体无意识地触及裸带电体。

5.1.8 阻挡物应适当固定,但可以不用钥匙或工具将其移开。

5.1.9 采用防护的国家标准低于现行国家标准 GB 4208《外壳防护等级(IP 代码)》规定的IP××B 级或 IP2×级的阻挡物时,阻挡物与裸带电体的水平净距不应小于 1.25mm,阻挡物的高度不应小于 1.4m。

(Ⅳ) 置于伸臂范围之外

5.1.10 在电气专用房间或区域,不采用防护等级等于高于现行国家标准 GB 4208《外壳防护等级(IP 代码)》规定的 IP××B 级或 IP2×级的遮栏、外护物或阻挡物时,应将人可能无意识同时触及的不同电位的可导电部分置于伸臂范围之外。

5.1.11 伸臂范围应符合下列规定。

(1) 裸带电体布置在有人活动的区域上方时,其与平台或地面的垂直净距不应小于 2.5m;

(2) 裸带电体布置在有人活动的平台侧面时,其与平台边缘的水平净距不应小于 1.25m;

(3) 裸带电体布置在有人活动的平台下方时,其与平台下方的垂直净距不应小于 1.25m,且与平台边缘的水平净距不应小于 0.75m;

(4) 裸带电体的水平方向的阻挡物、遮栏或外护物,其防护等级低于现行国家标准 GB 4208《外壳防护等级(IP 代码)》规定的 IP××B 级或 IP2×级时,伸臂范围应从阻挡物、遮栏或外护物算起;

(5) 在有人活动区域上方的裸带电体的阻挡物、遮栏或外护物,其防护等级低于现行国家标准 GB 4208《外壳防护等级(IP 代码)》规定的 IP××B 级或 IP2×级时,伸臂范围 2.5m 应从人所在地面算起;

(6) 人手持大的或长的导电物体时,伸臂范围应计及该物体的尺寸。

(Ⅴ) 用剩余电流动作保护器的附加保护

5.1.12 额定剩余动作电流不超过 30mA 剩余电流动作保护器,可作为其他直接接触防护措施失效或使用者疏忽时的附加防护,但不能单独作为直接接触防护措施。

5.2 间接接触防护的自动切断电源的防护措施

(Ⅰ) 一般规定

5.2.1 对于未按现行国家标准 GB 16895.21《建筑物电气装置》第 4-41 部分"安全防护电击防护"的规定采用下列间接接触防护措施者应采用本节所规定的防护措施。

(1) 采用Ⅱ类设备;

(2) 采取电气分隔措施;

(3) 采用特低电压供电;

(4) 将电气设备安装在非导电场所内;

(5) 设置不接地的等电位连接。

5.2.2 在使用Ⅰ类设备、预期接触电压限值为50V的场所,当回路或设备中发生带电导体与外露可导电部分或保护导体之间的故障时,间接接触防护电器应能在预期接触电压超过50V且持续时间足以引起对人体有害的病理生理效应前自动切断该回路或设备的电源。

5.2.3 电气装置的外露可导电部分,应与保护导体连接。

5.2.4 建筑物内的总等电位连接应符合下列规定。

(1) 每个建筑物中的下列可导电部分应做总等电位连接。

① 总保护导体(保护导体、保护接地中性导体);

② 电气装置总接地导体或总接地端子排;

③ 建筑物内的水管、燃气管、采暖和空调管道等各种金属干管;

④ 可接用的建筑物金属结构部分。

(2) 来自外部的本条第(1)款规定的可导电部分,应在建筑物内距离引入点最近的地方做总等电位连接。

(3) 总等电位连接导体,应符合本规范第3.2.15~3.2.17条的有关规定。

(4) 通信电缆的金属外护层在做等电位连接时,应征得相关部门的同意。

5.2.5 当电气装置或电气装置某一部分发生接地故障后间接接触的保护电器不能满足自动切断电源的要求时,尚应在局部范围内将本规范第5.2.4条第(1)款所列可导电部分再做一次局部等电位连接;亦可将伸臂范围内能同时触及的两个可导电部分之间做辅助等电位连接。局部等电位连接或辅助等电位连接的有效性,应符合下式的要求。

$$R \leqslant \frac{50}{I_a} \tag{5.2.5}$$

式中,R——可同时触及的外露可导电部分和装置外可导电部分之间,故障电流产生的电压降引起接触电压的一段线路的电阻(Ω);

I_a——保证间接接触保护电器在规定时间内切断故障回路的动作电流(A)。

5.2.6 配电线路间接接触防护的上下级保护电器的动作特性之间应有选择性。

(Ⅱ) TN系统

5.2.7 TN系统中电气装置的所有外露可导电部分,应通过保护导体与电源系统的接地点连接。

5.2.8 TN系统中配电线路的间接接触防护电器的动作特性,应符合下式的要求。

$$Z_s I_a \leqslant U_0 \tag{5.2.8}$$

式中,Z_s——接地故障回路的阻抗(Ω);

I_a——相导体对地标称电压(V)。

5.2.9 TN系统中配电线路的间接接触防护电器切断故障回路的时间应符合下列规定。

(1) 配电线路或仅供给固定式电气设备用电技术的末端线路,不宜大于5s;

(2) 供给手持式电气设备和移动式电气设备用电的末端线路或插座回路，TN 系统的最长切断时间不应大于表 5.2.9 的规定。

表 5.2.9 TN 系统的最长切断时间

相导体对地标称电压/V	切断时间/s
220	0.4
380	0.2
>380	0.1

5.2.10 在 TN 系统中，当配电箱或配电回路同时直接或间接给固定式、手持式和移动式电气设备供电时，应采取下列措施之一。

(1) 应使配电箱至总等电位连接点之间的一段保护导体的阻抗符合下式的要求。

$$Z_L \leqslant \frac{50}{U_s} Z_s \tag{5.2.10}$$

式中，Z_L——配电箱至总等电位连接点之间的一段保护导体的阻抗(Ω)。

(2) 应将配电箱内保护导体母排与该局部范围内的装置外可导电部分做局部等电位连接或按本规范第 5.2.5 条的有关要求做辅助等电位连接。

5.2.11 当 TN 系统相导体与无等电位连接作用的地之间发生接地故障时，为是保护导体和与之连接的外露可导电部分的对地电压不超过 50V，其接地电阻的比值应符合下式的要求。

$$\frac{R_B}{R_E} \leqslant \frac{50}{U_0 - 50} \tag{5.2.11}$$

式中，R_B——所有与系统接地极并联的接地电阻(Ω)；

R_E——相导体与大地之间的接地电阻(Ω)。

5.2.12 当不符合本规范第 5.2.11 条的要求时，应补充其他有效的间接接触防护措施，或采用局部 TT 系统。

5.2.13 TN 系统中，配电线路采用过电流保护电器兼作间接接地防护电器时，其动作特性应符合本规范第 5.2.8 条的规定；当不符合规定时，应采用剩余电流动作保护电器。

(Ⅲ) TT 系统

5.2.14 TT 系统中，配电线路内有同一间接接触防护电器保护的外露可导电部分，应用保护导体连接至共用或各自的接地极上。当有多级保护时，各级应有各自的或共同的接地极。

5.2.15 TT 系统配电线路间接接触防护电器的动作特性，应符合下式的要求。

$$R_A I_a \leqslant 50V \tag{5.2.15}$$

式中，R_A——外露可导电部分的接地电阻和保护导体电阻之和(Ω)。

5.2.16 TT 系统中，间接接触防护的保护电器切断故障回路的动作电流，应采用熔断器时，应为保证熔断器在 5s 内切断故障回路的电流；当采用断路器时，应为保证断路器瞬时切断故障回路的电流；当采用剩余电流保护电器时，应为额定剩余动作电流。

5.2.17 TT 系统中，配电线路间接接触防护电器的动作特性不符合本规范第 5.2.15 条的规定时，应按本规范第 5.2.5 条的规定做局部等电位连接或辅等电位连接。

5.2.18 TT 系统中,配电线路的间接接触防护的保护电器应采用剩余电流动作保护电器或过电流保护电器。

(Ⅳ) IT 系统

5.2.19 在 IT 系统的配电线路中,当发生第一次接地故障时,应发出报警信号,且故障电流应符合下式的要求。

$$R_A I_d \leqslant 50V \tag{5.2.19}$$

式中,I_d——相导体和外露可导电部分间第一次接地故障的故障电流(A),此值应计及泄漏电流和电气装置全部接地阻抗值的影响。

5.2.20 IT 系统应设置绝缘监测器。当发生第一次接地故障或绝缘电阻低于规定的整定值时,应有绝缘监测器发出音响和灯光信号,且灯光信号应持续到故障消除。

5.2.21 IT 系统的外露可导电部分可采用共同的接地极接地,也可个别或成组地采用单独的接地极接地,并应符合下列规定。

(1) 当外露可导电部分为共同接地,发生第二次接地故障时,故障回路的切断应符合本规范规定的 TN 系统自动切断电源的要求;

(2) 当外露可导电部分单独或成组地接地,发生第二次接地故障时,故障回路的切断应符合本规范的 TT 系统自动切断电源的要求。

5.2.22 IT 系统不宜配出中性导体。

5.2.23 在 IT 系统的配电线路中,当发生第二次接地故障时,故障回路的最长切断时间不应大于表 5.2.23 的规定。

表 5.2.23 IT 系统第二次故障时最长切断时间

相对地标称电压/相间标称电压/V	切断时间/s	
	没有中性导体配出	有中性导体配出
220/380	0.4	0.8
380/660	0.2	0.4
580/1000	0.1	0.2

5.2.24 IT 系统的配电线路符合本规范第 5.2.21 条规定时,应有过电流保护电器或剩余电流保护器切断故障回路,并应符合下列规定。

(1) 当 IT 系统不配出中性导体时,保护电器动作特性应符合下式的要求。

$$Z_c I_e \leqslant \frac{\sqrt{3}}{2} U_0 \tag{5.2.24-1}$$

(2) 当 IT 系统配出中性导体时,保护电器动作特性应符合下式的要求。

$$Z_d I_e \leqslant \frac{1}{2} U_0 \tag{5.2.24-2}$$

式中,Z_c——包括相导体和保护导体的故障回路的阻抗(Ω);

Z_d——包括相导体、中性导体和保护导体的故障回路的阻抗(Ω);

I_e——保证保护电器在表 5.2.23 规定的时间或其他回路允许的 5s 内切断故障回路的电流(A)。

5.3 SELV 系统和 PELV 系统及 FELV 系统

(Ⅰ) SELV 系统和 PELV 系统

5.3.1 直接接触防护的措施和间接接触防护的措施,除本规范第 5.1 节和第 5.2 节规定的防护措施外,亦可采用 SELV 系统和 PELV 系统作为防护措施。

5.3.2 SELV 系统和 PELV 系统的标称电压不应超过交流方均根值 50V。当系统由自耦变压器、分压器或半导体器件等设备从高于 50V 电压系统供电时,应对输入回路采取保护措施。特殊装置或场所的电压限值,应符合现行国家标准 GB 16895《建筑物电气装置》系列标准中的有关规定。

5.3.3 SELV 系统和 PELV 系统的电源应符合下列要求之一。

(1) 有符合现行国家标准 GB 13028《隔离变压器和安全隔离变压器技术要求》的安全隔离变压器供电;

(2) 具备与本条第(1)款规定的安全隔离变压器有同等安全程度的电源;

(3) 电化学电源或与高于交流均方根值 50V 电压的回路无关的其他电源;

(4) 符合相应标准,而且即使内部发生故障也保证能使出线端子的电压不超过交流均方根值 50V 的电子器件构成的电源。当发生直接接触和间接接触时,电子器件能保证出线端子的电压立即降低等于小于交流均方根值 50V 时,出线端子的电压可高于交流均方根值 50V 的电压。

5.3.4 SELV 系统和 PELV 系统的安全隔离变压器或电动发电机等移动式安全电源,应达到Ⅱ类设备或与Ⅱ类设备等效绝缘的防护要求。

5.3.5 SELV 系统和 PELV 系统回路的带电部分相互之间及与其他回路之间,应进行电气分隔,且不应低于安全隔离变压器的输入和输出回路之间的隔离要求。

5.3.6 每个 SELV 系统和 PELV 系统的回路导体应与其他回路导体分开布置。当不能分开布置时,应采取下列措施之一。

(1) SELV 系统和 PELV 系统的回路导体应做基本绝缘,并应将其封闭在非金属护套内;

(2) 不用电压的回路导体,应用接地的金属屏蔽或接地的金属护套隔开;

(3) 不用电压的回路可包含在一个多芯电缆或导体组内,但 SELV 系统和 PELV 系统的回路导体应单独或集中按其中最高电压绝缘。

5.3.7 SELV 系统的回路带电部分严禁与地、其他回路的带电部分或保护导体相连接,并应符合下列要求。

(1) 设备的外露可导电部分不应与下列部分连接。

① 地;

② 其他回路的保护导体或外露可导电部分;

③ 装置外可导电部分。

(2) 电气设备因功能的要求与装置外可导电部分连接时,应采取保证这种连接的电压不会高于交流均方根值 50V 的措施。

(3) SELV 系统回路的外露可导电部分有可能接触其他回路的外露可导电部分时,其电击防护除依靠 SELV 系统的保护外,尚应依靠可能被接触的其他回路的外露可导电部分所采取的保护措施。

5.3.8 SELV 系统，当标称电压超过交流均方根值 25V 时，直接接触防护应采取下列措施之一。

(1) 设置防护等级不低于现行国家标准 GB 4208《外壳防护等级(IP 代码)》规定的 IP××B 级或 IP2×级的遮栏或外护物；

(2) 采用能承受交流均方根值 500V、时间为 1min 的电压耐受试验的绝缘。

5.3.9 当 SELV 系统的标称电压不超过交流均方根值 25V 时，除国家现行有关标准另有规定外，可不设直接接触防护。

5.3.10 PELV 系统的直接接触防护，应采用本规范第 5.3.8 条的措施。当建筑物内外已设置总等电位连接，PELV 系统的接地配置和外露可导电部分已用保护导体连接到总接地端子上，且符合下列条件时，可采取直接接触防护措施。

(1) 设备在干燥场所使用，预计人体不会大面积触及带电部分并且标称电压不超过交流均方根值 25V；

(2) 在其他情况下，标称电压不超过交流均方根值 6V。

5.3.11 SELV 系统的插头和插座应符合下列规定。

(1) 插头不应插入其他电压系统的插座；

(2) 其他电压系统的插头应不能插入插座；

(3) 插座应无保护导体的插孔。

5.3.12 PELV 系统的插头和插座，应符合本规范第 5.3.11 条的第(1)(2)款的要求。

(Ⅱ) FELV 系统

5.3.13 当不必要采用 SELV 系统和 PELV 系统保护或因功能上的原因使用了标称电压小于等于交流均方根值 50V 的电压，但本规范第 5.3.1～5.3.12 条的规定不能完全满足其要求时，可采用 FELV 系统。

5.3.14 FELV 系统的直接接触防护应采取下列措施之一。

(1) 应装设符合本规范 5.1 节(Ⅱ)要求的遮栏或外护物；

(2) 应采用与一次回路所要求的最低试验电压相当的绝缘。

5.3.15 当属于 FELV 系统的一部分的设备绝缘不能耐受一次回路所要求的试验电压时，设备可接近的非导电部分的绝缘应加强，且应使其能耐受交流均方根值为 1500V、时间为 1min 的试验电压。

5.3.16 FELV 系统的间接接触防护应采取下列措施之一。

(1) 当一次回路采用自动切断电源的防护措施时，应将 FELV 系统中的设备外露可导电部分与一次回路的保护导体连接，此时不排除 FELV 系统中的带电导体与该一次回路保护导体的连接；

(2) 当一次回路采用电气分隔防护时，应将 FELV 系统中的设备外露可导电部分与一次回路的不接地等电位连接导体连接。

5.3.17 FELV 系统的插头和插座，应符合本规范第 5.3.11 条第(1)(2)款的规定。

6. 配电线路的保护

6.1 一般规定

6.1.1 配电线路应装设短路保护和过负荷保护。

6.1.2 配电线路装设的上下级保护电器，其动作特性应具有选择性，且各级之间应能协调配合。非重要负荷的保护电器,可采用部分选择性或无选择性切断。

6.1.3 用电设备末端配电线路的保护,除应符合本规范的规定外,尚应符合现行国家标准 GB 50055《通用用电设备配电设计规范》的有关规定。

6.1.4 除当回路相导体的保护装置能保护中性导体的短路,而且正常工作时通过中性导体的最大电流小于其载流量外,尚应采取当中性导体出现过电流时能自动切断相导体的措施。

6.2 短路保护

6.2.1 配电线路的短路保护电器,应在短路电流对导体和连接处产生的热作用和机械作用造成危害之前切断电源。

6.2.2 短路保护电器,应能分断其安装处的预期短路电流。预期短路电流,应通过计算或测量确定。当短路保护电器的分断能力小于其安装处预期短路电流时,在该段线路的上一级应装设具有所需分断能力的短路保护电器;其上下两级的短路保护电器的动作特性应配合,使该段线路及其短路保护器能承受通过的短路能量。

6.2.3 绝缘导体的热稳定应按其截面积校验,且应符合下列规定。

(1) 当短路持续时间小于等于 5s 时,绝缘导体的截面积应符合本规范第 3.2.14 条的要求,其相导体的系数可按本书附录 F 中表 F.0.7 的规定确定;

(2) 短路持续时间小于 0.1s 时,校验绝缘导体截面积应计入短路电流非周期分量的影响;大于 5s 时,校验绝缘导体截面积应计入散热的影响。

6.2.4 当短路保护电器为断路器时,被保护线路末端的短路电流不应小于断路器瞬时或短延时过电流脱扣器整定电流的 1.3 倍。

6.2.5 短路保护电器应装设在回路首端和回路导体载流量减小的地方。当不能设置在回路导体载流量减小的地方时,应采用下列措施。

(1) 短路保护电器至回路导体载流量减小处的这一段线路长度,不应超过 3m;

(2) 应采取将该段线路的短路危险减至最小的措施;

(3) 该段线路不应靠近可燃物。

6.2.6 导体载流量减小处回路的短路保护,当离短路点最近的绝缘导体的热稳定和上一级短路保护电器符合本规范第 6.2.3 条、第 6.2.4 条的规定时,该段回路可不装设短路保护电器,但应敷设在不燃或难燃材料的管、槽内。

6.2.7 下列连接线或回路,当在布线时采取了防止机械损伤等保护措施,且布线不靠近可燃物时,可不装设短路保护电器。

(1) 发电机、变压器、整流器、蓄电池与配电控制屏之间的连接线;

(2) 断电比短路导致的线路烧毁更危险的旋转电动机励磁回路、起重电磁铁的供电回路、电流互感器的二次回路等;

(3) 测量回路。

6.2.8 并联导体组成的回路,任一导体在最不利的位置处发生短路故障时,短路保护电器应能立即可靠切断该段故障线路,其短路保护电器的装设应符合下列规定。

(1) 当符合下列条件时,可采用一个短路保护电器:布线时所有并联导体采用了防止机械损伤等保护措施;导体不靠近可燃物;

(2) 两根导体并联的线路,当不能满足本条第(1)款条件时,在每根并联导体的供电端应装设短路保护电器;

(3) 超过两根导体的并联线路，当不能满足本条第(1)款条件时，在每根并联导体的供电端和负荷端均应装设短路保护电器。

6.3 过负荷保护

6.3.1 配电线路的过负荷保护，应在过负荷电流引起的导体温升对导体的绝缘、接头、端子或导体周围的物质造成损害之前切断电源。

6.3.2 过负荷保护电器宜采用反时限特性的保护电器，其分断能力可低于保护电器安装处的短路电流值，但应能承受通过的短路能量。

6.3.3 过负荷保护电器的动作特性，应符合下列公式的要求：

$$I_B \leqslant I_n \leqslant I_z \tag{6.3.3-1}$$

$$I_2 \leqslant 1.45 I_z \tag{6.3.3-2}$$

式中，I_B——回路计算电流(A)；

I_n——熔断器熔体额定电流或断路器额定电流或整定电流(A)；

I_z——导体允许持续载流量(A)；

I_2——保证保护电器可靠动作的电流(A)。当保护电器为断路器时，I_2为约定时间内的约定动作电流；当为熔断器时，I_2为约定时间内的约定熔断电流。

6.3.4 过负荷保护电器，应装设在回路首端或导体载流量减小处。当过负荷保护电器与回路导体载流量减小处之间的这一段线路没有引出分支线路或插座回路，且符合下列条件之一时，过负荷保护电器可在该段回路任意处装设。

(1) 过负荷保护电器与回路导体载流量减小处的距离不超过3m，该段线路采取了防止机械损伤等保护措施，且不靠近可燃物；

(2) 该段线路的短路保护符合本规范6.2节的规定。

6.3.5 除火灾危险、爆炸危险场所及其他有规定的特殊装置和场所外，符合下列条件之一的配电线路可不装设过负荷保护电器。

(1) 回路中载流量减小的导体，当其过负荷时，上一级过负荷保护电器能有效保护该段导体；

(2) 不可能过负荷的线路，且该段线路的短路保护符合本规范6.2节的规定，并没有分支线路或出线插座；

(3) 用于通信、控制、信号及类似装置的线路；

(4) 即使过负荷也不会发生危险的直埋电缆或架空线路。

6.3.6 过负荷断电将引起严重后果的线路，其过负荷保护不应切断线路，可作用于信号。

6.3.7 多根并联导体组成的回路采用一个过负荷保护电器时，其线路的允许持续载流量可按每根并联导体的允许持续载流量之和，且应符合下列规定。

(1) 导体的型号、截面、长度和敷设方式均相同；

(2) 线路全长内无分支线路引出；

(3) 线路的布置使各并联导体的负载电流基本相等。

6.4 配电线路电气火灾保护

6.4.1 当建筑物配电系统符合下列情况时，宜设置剩余电流监测或保护电器，其应动作于信号或切断电源。

(1) 配电线路绝缘损坏时，可能出现接地故障；

(2) 接地故障产生的接地电弧,可能引起火灾危险。

6.4.2 剩余电流监测或保护电器的安装位置,应能使其全面监视有起火危险的配电线路的绝缘情况。

6.4.3 为减少接地故障引起的电气火灾危险而装设的剩余电流监测或保护电器,其动作电流不应小于 300mA;当动作于切断电源时,应断开回路的所有带电导体。

7. 配电线路的敷设

7.1 一般规定

7.1.1 配电线路的敷设应符合下列条件。

(1) 与场所环境的特征相适应;

(2) 与建筑物和构筑物的特征相适应;

(3) 能承受短路可能出现的机电应力;

(4) 能承受安装期间或运行中布线可能遭受的其他应力和导线的自重。

7.1.2 配电线路的敷设环境应符合下列规定。

(1) 应避免由外部热源产生的热效应带来的损害;

(2) 应防止在使用过程中因水的侵入或因进入固体物带来的损害;

(3) 应防止外部的机械性损害;

(4) 在有大量灰尘的场所,应避免由于灰尘聚集在布线上对散热带来的影响;

(5) 应避免由于强烈日光辐射带来的损害;

(6) 应避免腐蚀或污染物存在的场所对布线系统带来的损害;

(7) 应避免有植物和(或)霉菌衍生存在的场所对布线系统带来的损害;

(8) 应避免有动物的情况对布线系统带来的损害。

7.1.3 除下列回路的线路可穿在同一根导管内外,其他回路的线路不应穿于同一根导管内。

(1) 同一设备或同一流水作业线设备的电力回路和无防干扰要求的控制回路;

(2) 穿在同一管内绝缘导线总数不超过 8 根,且为同一照明灯具的几个回路或同类照明的几个回路。

7.1.4 在同一个槽盒里有几个回路时,其所有的绝缘导线应采用与最高标称电压回路绝缘相同的绝缘。

7.1.5 电缆敷设的防火封堵应符合下列规定。

(1) 布线系统通过地板、墙壁、屋顶、天花板、隔墙等建筑构件时,其孔隙应按等同建筑构件耐火等级的规定封堵;

(2) 电缆敷设采用的导管和槽盒材料,应符合现行国家标准 GB/T 19215.1《电气安装用电缆槽管系统》第 1 部分"通用要求"、GB/T 19215.2《电气安装用电缆槽管系统》第 2 部分"特殊要求第 1 节:用于安装在墙上或天花板上的电缆槽管系统"和 GB/T 20041.1《电气安装用导管系统》第 1 部分"通用要求"规定的耐燃试验要求,当导管和槽盒内部截面积大于等于 710mm^{2}时,应从内部封堵;

(3) 电缆防火封堵的材料,应按耐火等级要求,采用防火胶泥、耐火隔板、填料阻火包或防火帽;

(4) 电缆防火封堵的结构,应满足按等效工程条件下标准试验的耐火极限。

7.2 绝缘导线布线

(Ⅰ) 直敷布线

7.2.1 正常环境的屋内场所除建筑物顶棚及地沟内外可采用直敷布线，并应符合下列规定。

(1) 直敷布线应采用护套绝缘导线，其截面积不宜大于 $6mm^2$；

(2) 护套绝缘导线至地面的最小距离应符合表 7.2.1 的规定；

表 7.2.1 护套绝缘导线至地面的最小距离 单位：m

布线方式	最小距离	
水平敷设	屋内	2.5
	屋外	2.7
垂直敷设	屋内	1.8
	屋外	2.7

(3) 当导线垂直敷设时，距离地面低于 1.8m 段的导线，应用导管保护；

(4) 导线与接地导体及不发热的管道紧贴交叉时，应用绝缘管保护；敷设在易受机械损伤的场所应用钢管保护；

(5) 不应将导线直接埋入墙壁、顶棚的抹灰层内。

(Ⅱ) 瓷夹、塑料线夹、鼓形绝缘子、针式绝缘子布线

7.2.2 正常环境屋内场所和挑檐下的屋外场所，可采用瓷夹或塑料线夹布线。

7.2.3 采用瓷夹、塑料线夹、鼓形绝缘子和针式绝缘子在屋内、屋外布线时，其导线至地面的距离，应符合本规范表 7.2.1 的规定。

7.2.4 采用鼓形绝缘子和针式绝缘子在屋内、屋外布线时，其导线最小间距应符合表 7.2.4 的规定。

表 7.2.4 屋内、屋外布线的导线最小间距

支持点间距/m	导线最小间距/mm	
	屋内布线	屋外布线
≤1.5	50	100
>1.5，且≤3	75	100
>3，且≤6	100	150
>6，且≤10	150	200

7.2.5 导线明敷在屋内高温辐射或对导线有腐蚀的场所时，导线之间及导线至建筑物表面的最小净距应符合表 7.2.5 的规定。

表 7.2.5 导线之间及导线至建筑物表面的最小净距

固定点间距/m	最小净距/mm
≤1.5	75
>1.5，且≤3	100
>3，且≤6	150
>6	200

7.2.6 屋外布线的导线至建筑物的最小间距应符合表 7.2.6 的规定。

表 7.2.6 导线至建筑物的最小间距 单位：mm

布线方式		最小间距
水平敷设时的垂直间距	在阳台、平台上和跨越建筑物顶	2500
	在窗户上	200
	在窗户下	800
垂直敷设时至阳台、窗户的水平间距		600
导线至墙壁和构架的间距(挑檐下除外)		35

(Ⅲ) 金属导管和金属槽盒布线

7.2.7 对金属导管、金属槽盒有严重腐蚀的场所，不宜采用金属导管、金属槽盒布线。

7.2.8 在建筑物闷顶内有可燃物时，应采用金属导管、金属槽盒布线。

7.2.9 同一回路的所有相线和中性线，应敷设在同一金属槽盒内或穿于同一根金属导管内。

7.2.10 暗敷于干燥场所的金属导管布线，金属导管的管壁厚度不应小于 1.5mm；明敷于潮湿场所或直接埋于素土内的金属导管布线，金属导管应符合现行国家标准 GB/T 20041.1《电气安装用导管系统》第 1 部分"通用要求"或 GB/T 3091《低压流体输送用焊接钢管》的有关规定；当金属导管有机械外压力时，金属导管应符合现行国家标准 GB/T 20041.1《电气安装用导管系统》第 1 部分"通用要求"中耐压分类为中型、重型及超重型的金属导管的规定。

7.2.11 金属导管和金属槽盒敷设时应符合下列规定。

(1) 与热水管、蒸汽管同侧敷设时，应敷设在热水管、蒸汽管下方。当有困难时，亦可敷设在热水管、蒸汽管上方，其净距应符合下列要求。

① 敷设在热水管下方时，不宜小于 0.2m；在上方时，不宜小于 0.3m；

② 敷设在蒸汽管下方时，不宜小于 0.5m；在上方时，不宜小于 1.0m；对有保温措施的热水管、蒸汽管，其净距不宜小于 0.2m。

(2) 当不能符合本条第(1)款要求是，因采取隔热措施。

(3) 与其他管道的平行净距不应小于 0.1m。

(4) 当与水管同侧敷设时，宜将金属导管与金属槽盒敷设在水管的上方。

(5) 管线互相交叉时的净距，不宜小于平行的净距。

7.2.12 暗敷于地下的金属导管不应穿过设备基础；金属导管及金属槽盒在穿过建筑物伸缩缝、沉降缝时，应采取防止伸缩或沉降的补偿措施。

7.2.13 采用金属导管布线，除非重要负荷、线路长度小于 15m、金属导管的壁厚大于等于 2mm，并采取了可靠的防水、防腐蚀措施后，可在屋外直接埋地敷设外，不宜在屋外直接埋地敷设。

7.2.14 同一路径无妨干扰要求的线路，可敷设于同一金属管或金属槽盒内。金属导轨或金属槽盒内导线总截面积不宜超过其截面积的 40%，且金属槽盒内载流量导线不宜超过 30 根。

7.2.15 控制、信号等非电力回路导线敷设于同一金属导管或金属槽盒内时，导线的总截面积不宜超过其截面积的 50%。

7.2.16 除专用接线盒内外，导线在金属槽盒内不应有接头。有专用接线盒的金属槽盒宜布置在易于检查的场所。导线和分支接头的总截面积不应超过该点槽盒内截面积的 75%。

7.2.17 金属槽盒垂直或倾斜敷设时，应采取防止导线在线槽内移动的措施。

7.2.18 金属槽盒敷设的吊架或支架宜在下列部位设置。

(1) 直线段宜为 2～3m 或槽盒接头处；

(2) 槽盒首端、终端及进出接线盒 0.5m 处；

(3) 槽盒转角处。

7.2.19 金属槽盒的连接处，不得设在穿越楼板或墙壁等孔处。

7.2.20 有金属槽盒引出的线路，可采用金属导管、塑料导管、可弯曲金属导管、金属软导管或电缆等布线方式。导线在引出部分应有防止损伤的措施。

(Ⅳ) 可弯曲金属导管布线

7.2.21 敷设在正常环境屋内场所的建筑物顶棚内或暗敷于墙体、混凝土地面、楼边垫层或现浇钢筋混凝土楼边内时，可采用基本型可弯曲金属导管布线。明敷于潮湿场所或直埋地下素土内时，应采用防水型可弯曲金属导管。

7.2.22 可弯曲金属导管布线，管内导线总截面积不宜超过管内截面积的 40%。

7.2.23 可弯曲金属导管布线，其与热水管、蒸汽管或其他管路同侧敷设时，应符合本规范第 7.2.11 条的规定。

7.2.24 暗敷于现浇钢筋混凝土楼板内的可弯曲金属导管，其表面混凝土覆盖层不应小于 15mm。

7.2.25 可弯曲金属导管有可能受重物压力或明显机械冲击处，应采取保护措施。

7.2.26 可弯曲金属导管布线，导管的金属外壳等非带电金属部分应可靠接地，且不应利用导管金属外壳作接地线。

7.2.27 暗敷于地下的可弯曲金属导管的管路不应穿过设备基础。

(Ⅴ) 地面内暗装金属槽盒布线

7.2.28 正常环境下大空间且隔断变化多、用电设备移动性大或敷有多功能线路的屋内场所，宜采用地面内暗装金属槽盒布线，且应暗敷于现浇混凝土地面、楼板或楼板垫层内。

7.2.29 采用地面内暗装金属槽盒布线时，应将同一回路的所有导线敷设在同一槽盒内。

7.2.30 采用地面内安装金属槽盒布线时，应将电力线路、非电力线路分槽或增加隔板敷设，两种线路交叉处应设置有屏蔽分线板的分线盒。

7.2.31 有配电箱、电话分线箱及接线端子箱等设备引至地面内暗装金属槽盒的线路，宜采用金属管布线方式引入分线盒，或以终端连接器直接引入槽盒。

7.2.32 地面内暗装金属槽盒出线口和分线盒不应突出地面，且应做好防水密封处理。

(Ⅵ) 塑料导管和塑料槽盒布线

7.2.33 有酸碱腐蚀介质的场所宜采用塑料导管和塑料槽盒布线，但在高温和易受机械损伤的场所不宜采用明敷。

7.2.34 布线用塑料导管，应符合现行国家标准 GB/T 20041.1《电气安装用电缆导管系统》第1部分“通用要求”中非火焰蔓延型塑料导管；布线用塑料槽盒，应符合现行国家标准GB/T 19215.1《电气安装用电缆槽管系统》第1部分“通用要求”中非火焰蔓延型的有关规定。塑料导管暗敷或埋地敷设时，应选用中等机械应力以上的导管，并应采取防止机械损伤的措施。

7.2.35 塑料导管和塑料槽盒不宜与热水管、蒸汽管同侧敷设。

7.2.36 塑料导管和塑料槽盒布线，应符合本规范第7.2.14～7.2.16条的有关规定。

7.3 钢索布线

7.3.1 钢索布线在对钢索有腐蚀的场所，应采取防腐蚀的措施。

7.3.2 钢索上绝缘导体至地面的距离，应符合本规范第7.2.1条第(2)款的规定。

7.3.3 钢索布线应符合下列规定。

(1) 屋内的钢索布线，采用绝缘导体明敷时，应采用瓷夹、塑料夹、鼓形绝缘子或针式绝缘子固定；采用护套绝缘导线、电缆、金属导管及金属槽盒或塑料导管及塑料槽盒布线时，可将其直接固定于钢索上；

(2) 屋外的钢索布线，采用绝缘导线明敷时，应采用鼓形绝缘子、针式或碟式绝缘子固定；采用电缆、金属导管及金属槽盒布线时，可将其直接固定于钢索上。

7.3.4 钢索布线所采用的钢索的截面积，应根据跨距、荷重和机械强度等因素确定，且不宜小于10mm²。钢索固定件应镀锌或涂防腐漆。钢索除两端拉紧外，跨距大的应在中间增加支持点，其间距不宜大于12m。

7.3.5 在钢索上吊装金属导管或塑料导管布线时应符合下列规定。

(1) 支持点之间及支持点与灯头盒之间的最大间距应符合表7.3.5的规定；

表7.3.5 支持点之间及支持点与灯头盒之间的最大间距 单位：mm

布线类别	支持点之间	支持点与灯头盒之间
金属导管	1500	200
塑料导管	1000	150

(2) 吊装接线盒和管道的扁钢卡子宽度，不应小于20mm；吊装接线盒的卡子，不应少于2个。

7.3.6 钢索上吊装护套绝缘导体布线时应符合下列规定。

(1) 采用铝卡子直敷在钢索上时，其支持点间距不应大于500mm；卡子距接线盒的间距不用大于100mm；

(2) 采用橡胶和塑料护套绝缘导线时，接线盒应采用塑料制品。

7.3.7 钢索上采用瓷瓶吊装绝缘导线布线时应符合下列规定。

(1) 支持点间距不应大于1.5m；

(2) 线间距离，屋内不应小于50mm；屋外不应小于100mm；

(3) 扁钢吊架终端应加拉线，其直径不应小于3mm。

7.4 裸导体布线

7.4.1 除配电室外，无遮护的裸导体至地面的距离，不应小于3.5m；采用防护等级不低于现行国家标准GB 4208《外壳防护等级(IP代码)》规定的IP2×级的网孔遮栏时，不应小于2.5m。网状遮栏与裸导体的间距，不应小于100mm；板状遮栏与裸导体的间距，不应小于50mm。

7.4.2 裸导体与需经常维护的管道同侧敷设时，裸体应敷设在管道的上方。

7.4.3 裸导体与需经常维护的管道以及与生产设备最凸处部位的净距不应小于1.8m；当其净距小于等于1.8m时，应加遮栏。

7.4.4 裸导体的线间及裸导体至建筑物表面的最小净距应符合本规范表7.2.5的规定。硬导体固定点的间距，应符合在通过最大短路电流时的动稳定要求。

7.4.5 桥式起重机上方的裸导体至起重机平台铺板的净距不应小于2.5m；当其净距小于等于2.5m，其裸导体下方应装设遮栏。除滑触线本身的辅助导线外，裸导体不宜与起重机滑触线敷设在同一支架上。

7.5 封闭式母线布线

7.5.1 干燥和无腐蚀性气体的屋内场所，可采用封闭式母线布线。

7.5.2 封闭式母线敷设时应符合下列规定。

(1) 水平敷设时，除电气专用房间外，与地面的距离不应小于2.2m；垂直敷设时，距地面1.8m以下部分应采取防止母线机械损伤措施。母线终端无引出线和引入线时，端头应封闭；

(2) 水平敷设时，宜按荷载曲线选取最佳跨距进行支撑。进线盒及末端悬空时，应采用支架固定；

(3) 垂直敷设时，在通过楼板处应采用专用附件支撑，进线盒及末端悬空时，应采用支架固定；

(4) 直线敷设长度超过制造厂给定的数值时，宜设置伸缩节。在封闭式母线水平跨越建筑物的伸缩缝或沉降缝处，应采取防止伸缩或沉降的措施；

(5) 母线的插接分支点，应设在安装维护方便的地方；

(6) 母线的连接点不应再穿过楼板或墙壁处；

(7) 母线在穿过防火墙及防火楼板时，应采取防火隔离措施。

7.5.3 封闭式母线外壳及支架应可靠接地，全长应不少于2处与接地干线相连。

7.6 电缆布线

(Ⅰ) 一般规定

7.6.1 电缆路径的选择应符合下列规定。

(1) 应使电缆不易受到机械、振动、化学、地下电流、水锈蚀、热影响、蜂蚁和鼠害等损伤；

(2) 应便于维护；

(3) 应避开场地规划中的施工用地或建设用地；

(4) 应使电缆路径较短。

7.6.2 露天敷设的有塑料或橡胶外护层的电缆，应避免日光长时间的直晒；当无法避免时，应加装遮阳罩或采用耐日照的电缆。

7.6.3 电缆在屋内、电缆沟、电缆隧道和电气竖井内明敷时，不应采用易延燃的外保护层。

7.6.4 电缆不应在易燃、易爆及可燃的气体管道或液体管道的隧道或沟道内敷设。当受条件限制需要在这类隧道或沟道内敷设电缆时,应采取防爆、防火的措施。

7.6.5 电力电缆不宜在有热力管道的隧道或沟道内敷设。当需要敷设时,应采取隔热措施。

7.6.6 支承电缆的构架,采用钢制材料时,应采取热镀锌或其他防腐措施;在有较严重腐蚀的环境中,应采取相适应的防腐措施。

7.6.7 电缆宜在进户处、接头、电缆头处或地沟及隧道中留有一定长度的余量。

(Ⅱ)电缆在屋内敷设

7.6.8 无铠装的电缆在屋内明敷,除明敷在电气专用房间外,水平敷设时,与地面的距离不应小于2.5m;垂直敷设时,与地面的距离不应小于1.8m;当不能满足上述要求时,应采取防止电缆机械损伤的措施。

7.6.9 屋内相同电压的电缆并列明敷时,除敷设在托盘、梯架和槽盒内外,电缆之间的净距不应小于35mm,且不应小于电缆外径。1kV及以下电力电缆及控制电缆与1kV以上电力电缆并列明敷时,其净距不应小于150mm。

7.6.10 在屋内架空明敷的电缆与热力管道的净距,平行时不应小于1m,交叉时不应小于0.5m;当净距不能满足要求时,应采取隔热措施。电缆与非热力管道的净距,不应小于0.5m;当净距不能满足要求时,应在与管道接近的电缆段上,采取防止电缆受机械损伤的措施。在有腐蚀性介质的房屋内明敷的电缆,宜采用塑料护套电缆。

7.6.11 钢索上电缆布线吊装时,电力电缆固定点间的间距不应大于0.75m;控制电缆固定点间的间距不应大于0.6m。

7.6.12 电缆在屋内埋地穿管敷设,或通过墙、楼板穿管时,其穿管的内径不应小于电缆外径的1.5倍。

7.6.13 除技术夹层外,电缆托盘和梯架距地面的高度不宜低于2.5m。

7.6.14 电缆在托盘和梯架内敷设时,电缆总截面积与托盘和梯架横断面面积之比,电力电缆不应大于40%,控制电缆不应大于50%。

7.6.15 电缆托盘和梯架水平敷设时,宜按荷载曲线选取最佳跨距进行支撑,且支撑点间距宜为1.5~3m。垂直敷设时,其固定点间距不宜大于2m。

7.6.16 电缆托盘和梯架多层敷设时,其层间距离应符合下列规定。

(1) 控制电缆间不应小于0.20m;

(2) 电力电缆间不应小于0.30m;

(3) 非电力电缆与电力电缆间不应小于0.50m;当有屏蔽盖板时,可为0.30m;

(4) 托盘和梯架上部距顶棚或其他障碍物不应小于0.30m。

7.6.17 几组电缆托盘和梯架在同一高度平行敷设时,各相邻电缆托盘和梯架间应有满足维护、检修的距离。

7.6.18 下列电缆不宜敷设在同一层托盘和梯架上。

(1) 1kV及以上的电缆;

(2) 同一路径向一级负荷供电的双路电源电缆;

(3) 应急照明与其他照明的电缆;

(4) 电力电缆与非电力电缆。

7.6.19 本规范第 7.6.18 条规定的电缆，当受条件限制需安装在同一层托盘和梯架上时，应采用金属隔板隔开。

7.6.20 电缆托盘和梯架不宜敷设在热力管道的上方及腐蚀性液体管道的下方；腐蚀性气体的管道，当气体比重大于空气时，电缆托盘和梯架宜敷设在其上方；当气体比重小于空气时，宜敷设在其下方。电缆托盘和梯架与各种管道的最小净距应符合表 7.6.20 的规定。

表 7.6.20 电缆托盘和梯架与各种管道的最小净距 单位：m

管道类别		平行净距	交叉净距
有腐蚀性液体、气体的管道		0.5	0.5
热力管道	有保温层	0.5	0.3
	无保温层	1.0	0.5
其他工艺管道		0.4	0.3

7.6.21 电缆托盘和梯架在穿过防火墙及防火楼板时，应采取防火封堵。

7.6.22 金属电缆托盘、梯架及支架应可靠接地，全长不应少于 2 处与接地干线相连。

(Ⅲ) 电缆在电缆隧道或电缆沟内敷设

7.6.23 电缆在电缆隧道或电缆沟内敷设时，其通道宽度和支架层间垂直的最小净距应符合表 7.6.23 的规定。

表 7.6.23 通道宽度和电缆支架层间垂直的最小净距 单位：m

项目		通道宽度		支架层间垂直最小净距	
		两侧设支架	一侧设支架	电力线路	控制线路
电缆隧道		1.00	0.90	0.20	0.12
电缆沟	沟深≤0.60	0.30	0.30	0.15	0.12
	沟深≤0.60	0.50	0.45	0.15	0.12

7.6.24 电缆隧道和电缆沟应采取防水措施，其底部排水沟的坡度不应小于 0.5%，并应设集水坑，积水可经集水坑用泵排出。当有条件时，积水可直接排入下水道。

7.6.25 在多层支架上敷设电缆时，电力电缆应敷设在控制电缆的上层；当两侧均有支架时，1kV 及以下的电力电缆和控制电缆宜与 1kV 以上的电力电缆分别敷设于不同侧支架上。

7.6.26 电缆支架的长度，在电缆沟内不宜大于 350mm；在电缆隧道内不宜大于 500mm。

7.6.27 电缆在电缆隧道或电缆沟内敷设时，支架间或固定点间的最大间距应符合表 7.6.27 的规定。

表 7.6.27 电缆支架间或固定点间的最大间距 单位：m

敷设方式		水平敷设	垂直敷设
塑料护套、钢带铠装	电力电缆	1.0	1.5
	控制电缆	0.8	1.0
钢丝铠装		3.0	6.0

7.6.28 电缆沟在进入建筑物处应设防火墙。电缆隧道进入建筑物处以及在进入变电所处,应设带门的防火墙。防火门应装锁。电缆的穿墙处保护管两端应采用难燃材料封堵。

7.6.29 电缆沟或电缆隧道,不应设在可能流入熔化金属液体或损害电缆外护层和护套的地段。

7.6.30 电缆沟盖板宜采用钢筋混凝土盖板或钢盖板。钢筋混凝土盖板的重量不宜超过 50kg,钢盖板的重量不宜超过 30kg。

7.6.31 电缆隧道内的净高不应低于 1.9m。局部或与管道交叉处净高不宜小于 1.4m。隧道内应采取通风措施,有条件时宜采用自然通风。

7.6.32 当电缆隧道长度大于 7m 时,电缆隧道两端应设出口;两个出口间的距离超过 75m 时,尚应增加出口。人孔井可作为出口,人孔井直径不应小于 0.7m。

7.6.33 电缆隧道内应设照明,其电压不应超过 36V;当照明电压超过 36V 时,应采取安全措施。

7.6.34 与电缆隧道无关的管线不得穿过电缆隧道。电缆隧道和其他地下管线交叉时,应避免隧道局部下降。

(Ⅳ)电缆埋地敷设

7.6.35 电缆直接埋地敷设时,沿同一路径敷设的电缆数量不宜超过 6 根。

7.6.36 电缆在屋外直接埋地敷设的深度不应小于 700mm;当直埋在农田时,不应小于 1m。在电缆上下方应均匀铺设砂层,其厚度宜为 100mm;在砂层应覆盖混凝土保护板等保护层,保护层宽度应超出电缆两侧各 50mm。

7.6.37 在寒冷地区,屋外直接埋地敷设的电缆应埋设于冻土层以下。当受条件限制不能深埋时,应采取防止电缆受到损伤的措施。

7.6.38 电缆通过下列地段应穿管保护,穿管内径不应小于电缆外径的 1.5 倍。

(1) 电缆通过建筑物和构筑物的基础,散水坡、楼板和穿过墙体等处;

(2) 电缆通过铁路、道路处和可能受到机械损伤的地段;

(3) 电缆引出地面 2m 至地下 200mm 处的部分;

(4) 电缆可能受到机械损伤的地方。

7.6.39 埋地敷设的电缆间及其与建筑物、构筑物等的最小净距,应符合现行国家标准 GB 50217《电力工程电缆设计规范》的有关规定。

7.6.40 电缆与建筑物平行敷设时,电缆应埋设在建筑物的散水坡外。电缆引入建筑物时,其保护管应超出建筑物散水坡 100mm。

7.6.41 电缆与热力管沟交叉,当采用电缆穿隔热水泥管保护时,其长度应伸出热力管沟两侧各 2m;采用隔热保护层时,其长度应超过热力管沟两侧各 1m。

7.6.42 电缆与道路、铁路交叉时,应穿管保护,保护管应伸出路基 1m。

7.6.43 埋地敷设电缆的接头盒下面应垫混凝土基础板,其长度宜超过接头保护盒两端 0.6~0.7m。

(Ⅴ)电缆在多孔导管内敷设

7.6.44 电缆在多孔导管内的敷设,应采用塑料护套电缆或裸铠装电缆。

7.6.45 多孔导管可采用混凝土管或塑料管。

7.6.46 多孔管应一次留足备用管孔数;当无法预计发展情况时,可留 1~2 个备用孔。

7.6.47 当地面上均匀荷载超过 10t/m² 或通过铁路及遇有类似情况时，应采取防止多孔导管受到机械损伤的措施。

7.6.48 多孔导管孔的内径不应小于电缆外径的 1.5 倍，且穿电力电缆的管孔内径不应小于 90mm；穿控制电缆的管孔内径不应小于 75mm。

7.6.49 多孔导管的敷设应符合下列规定。

(1) 多孔导管的敷设时，应有倾向人孔井侧大于等于 0.2%的排水坡度，并在人孔井内设集水坑，以便集中排水；

(2) 多孔导管顶部距地面不应小于 0.7m，在人行道下面时不应小于 0.5m；

(3) 多孔导管沟底部应垫平夯实，并应铺设厚度大于等于 60mm 的混凝土垫层。

7.6.50 采用多孔导管敷设，在转角、分支或变更敷设方式改为直埋或电缆沟敷设时，应设电缆人孔井。在直接段上设置的电缆人孔井，其间距不宜大于 100m。

7.6.51 电缆人孔井的净空高度不应小于 1.8m，其上部人孔的直径不应小于 0.7m。

(Ⅵ) 矿物绝缘电缆敷设

7.6.52 屋内高温或耐火需要的场所，宜采用矿物绝缘电缆。

7.6.53 矿物绝缘电缆敷设时，其允许最小弯曲半径应符合表 7.6.53 的规定。

表 7.6.53 矿物绝缘电缆允许最小弯曲半径 单位：mm

电缆外径	最小弯曲半径
<7	$2D$
≥7，且<12	$3D$
≥12，且<15	$4D$
≥15	$6D$

注：D 为电缆外径。

7.6.54 矿物绝缘电缆载下列场合敷设时，应将电缆敷设成“S”或“Ω”形。矿物绝缘电缆弯曲半径不应小于电缆外径的 6 倍。

(1) 在温度变化的场合；

(2) 振动设备的布线；

(3) 建筑物的沉降缝和伸缩缝之间。

7.6.55 矿物绝缘电缆敷设时，除在转弯处、中间连接器两侧外，应设置固定点固定，固定点的最大间距应符合表 7.6.55 的规定。

表 7.6.55 矿物绝缘电缆固定点的最大间距 单位：mm

电缆外径	固定点间的最大的间距	
	水平敷设	垂直敷设
<9	600	800
≥9，且<15	900	1200
≥15	1500	2000

注：当矿物绝缘电缆倾斜敷设时，电缆与垂直方向夹角小于等于 30°时，应按垂直敷设间距固定；大于 30°时，应按水平敷设间距固定。

7.6.56 敷设的矿物绝缘电缆可能遭受到机械损伤的部位,应采取保护措施。

7.6.57 当矿物绝缘电缆敷设在对铜护套有腐蚀作用的环境或部分埋地、穿管敷设时,应采用有聚氯乙烯护套的电缆。

(Ⅶ)预制分支电缆敷设

7.6.58 预制分支电缆敷设时,宜将分支电缆紧紧地绑扎在主干电缆上,待主干电缆安装固定后,再将分支电缆的绑扎解开。敷设安装时,不应过分强拉分支电缆。

7.6.59 预制分支电力电缆的主干电缆采用单芯电缆时,应防止涡流效应和电磁干扰,不应使用导磁金属夹具。

7.7 电气竖井布线

7.7.1 多层和高层建筑物内垂直配电干线的敷设,宜采用电气竖井布线。

7.7.2 电气竖井垂直布线时,其固定及垂直干线与分支干线的连接方式,应能防止顶部最大垂直变位和层间垂直变位对干线的影响,以及导线及金属保护管、罩等自重所带来的载重(荷重)影响。

7.7.3 电气竖井内垂直布线采用大容量单芯电缆、大容量母线做干线时,应符合下列要求。

(1) 载流要留有余量;

(2) 分支容易、安全可靠;

(3) 安装及维修方便和造价经济。

7.7.4 电气竖井的位置和数量,应根据用电负荷性质、供电半径、建筑物的沉降缝设置和防火分区等因素确定,并应符合下列规定。

(1) 应靠近用电负荷中心;

(2) 应避免邻近烟囱、热力管道及其他散热量大或潮湿的设施;

(3) 不应和电梯、管道间共用同一电气竖井。

7.7.5 电气竖井的井壁应采用耐火极限不低于1h的非燃烧体。电气竖井在每层楼应设维护检修门并应开向公共走廊,检修门的耐火极限不应低于丙级。楼层间应采用防火密封隔离。电缆和绝缘线在楼层间穿钢管时,两端管口空隙应做密封隔离。

7.7.6 同一电气竖井内的高压、低压和应急电源的电气线路,其间距不应小于300mm或采取隔离措施。高压线路应设有明显标志。当电力线路和非电力线路在同一电气竖井内敷设时,应分别在电气竖井的两侧敷设或采取防止干扰的措施;对回路线数及种类较多的电力线路和非电力线路,应分别设置在不同电气竖井内。

7.7.7 管路垂直敷设,当导线截面积小于等于$50mm^2$、长度大于20m时,应装设导线固定盒且在盒内用线夹将导线固定。

7.7.8 电气竖井的尺寸,除应满足布线间隔及端子箱、配电箱布置的要求外,在箱体前宜有大于等于0.8m的操作、维护距离。

7.7.9 电气竖井内不应设有与其无关的管道。

APPENDIX F

附录F

系数k值

F.0.1 由导体、绝缘和其他部分的材料以及初始和最终温度决定的系数，其值应按下式计算：

$$k=\sqrt{\frac{Q_c(\beta+20℃)}{\rho_{20}}\text{In}\left(1+\frac{\theta_1-\theta_i}{\beta+\theta_f}\right)}$$

式中，k——系数；

Q_c——导体材料在20℃时的体积热容量，按表F.0.1的规定确定[J/(℃·mm³)]；

β——导体在0℃时电阻率温度系数的倒数，按表F.0.1的规定确定(℃)；

ρ_{20}——导体材料在20℃时的电阻率，按表F.0.1的规定确定(Ω·mm)；

θ_i——导体初始温度(℃)；

θ_f——导体最终温度(℃)。

表 F.0.1　不同材料的参数值

材料	β/℃	Q_c/[J/(℃·mm^3)]	ρ_{20}/(Ω·mm)
铜	234.5	3.45×10^{-3}	17.241×10^{-6}
铝	228	2.5×10^{-3}	28.264×10^{-6}
铅	230	1.45×10^{-3}	214×10^{-6}
钢	202	3.8×10^{-3}	138×10^{-6}

F.0.2 非电缆芯线且不与其他电缆成束敷设的绝缘保护导体的初始、最终温度和系数，其值应按表F.0.2的规定确定。

表 F.0.2　非电缆芯线且不与其他电缆成束敷设的绝缘保护导体的初始、最终温度和系数

导体绝缘	温度		导体材料的系数		
	初始	最终	铜	铝	钢
70℃聚氯乙烯	30	160(140)	143(133)	95(88)	52(49)
90℃聚氯乙烯	30	160(140)	143(133)	95(88)	52(49)
90℃热固性材料	30	250	176	116	64
60℃橡胶	30	200	159	105	58
85℃橡胶	30	220	166	110	60
硅橡胶	30	350	201	133	73

注：括号内数值适用于截面积大于300mm^{2}的聚氯乙烯绝缘导体。

F.0.3 与电缆护层接触但不与其他电缆成束敷设的裸保护导体的初始、最终温度和系数，其值应按表F.0.3的规定确定。

表F.0.3 与电缆护层接触但不与其他电缆成束敷设的裸保护导体的初始、最终温度和系数

电缆护层	温度/℃		导体材料的系数		
	初始	最终	铜	铝	钢
聚氯乙烯	30	200	159	105	58
聚乙烯	30	150	138	91	50
氯磺化聚乙烯	30	220	166	110	60

F.0.4 电缆芯线或其他电缆或绝缘导体成束敷设的保护导体的初始、最终温度和系数，其值应按表F.0.4的规定确定。

表F.0.4 电缆芯线或与其他电缆或绝缘导体成束敷设的保护导体的初始、最终温度和系数

导体绝缘	温度/℃		导体材料的系数		
	初始	最终	铜	铝	钢
70℃聚氯乙烯	70	160(140)	115(103)	76(68)	42(37)
90℃聚氯乙烯	90	160(140)	100(86)	66(57)	36(31)
90℃热固性材料	90	250	143	94	52
60℃橡胶	60	200	141	93	51
85℃橡胶	85	220	134	89	48
硅橡胶	180	350	132	87	47

注：括号内数值适用于截面积大于300mm²的聚氯乙烯绝缘导体。

F.0.5 用电缆的金属护层做保护导体的初始、最终温度和系数，其值应按表F.0.5的规定确定。

表F.0.5 用电缆的金属护层做保护导体的初始、最终温度和系数

电缆绝缘	温度/℃		导体材料的系数			
	初始	最终	铜	铝	铅	钢
70℃聚氯乙烯	60	200	141	93	26	51
90℃聚氯乙烯	80	200	128	85	23	46
90℃热固性材料	80	200	128	85	23	46
60℃橡胶	55	200	144	95	26	52
85℃橡胶	75	200	140	93	26	51
硅橡胶	70	200	135	—	—	—
裸露的矿物护套	105	250	135	—	—	—

注：电缆的金属护层，如铠装、金属护套、同心导体等。

F.0.6 裸导体温度不损伤相邻材料时的初始、最终温度和系数，其值应按表F.0.6的规定确定。

表 F.0.6 裸导体温度不损伤相邻材料时的初始、最终温度和系数

裸导体所在的环境	温度/℃				导体材料的系数		
	初始温度	最终温度			铜	铝	钢
		铜	铝	钢			
可见的和狭窄的区域内	30	500	300	500	228	125	82
正常环境	30	200	200	200	159	105	58
有火灾危险	30	150	150	150	138	91	50

F.0.7 相导体的初始、最终温度和系数，其值应按表 F.0.7 的规定确定。

表 F.0.7 相导体的初始、最终温度和系数

导体绝缘		温度/℃		相导体的系数		
		初始温度	最终温度	铜	铝	铜导体的锡焊接头
聚氯乙烯		70	160(140)	115(103)	76(68)	115
交联聚乙烯和乙丙橡胶		90	250	143	94	—
工作温度 60℃的橡胶		60	200	141	93	—
矿物质	聚氯乙烯护套	70	160	115	—	—
	裸护套	105	250	135	—	—

注：括号内数值适用于截面积大于 $300mm^2$ 的聚氯乙烯绝缘导体。